新农村科普系列

农作物种植与科学养殖

董召荣 ◎ 主编

中国出版集团　现代出版社

图书在版编目（CIP）数据

农作物种植与科学养殖 / 董召荣编著 . -- 北京：现代出版社，2021.8

ISBN 978-7-5143-9190-9

Ⅰ.①农… Ⅱ.①董… Ⅲ.①作物—栽培技术②养殖业 Ⅳ.① S31 ② S8

中国版本图书馆 CIP 数据核字 (2021) 第 155074 号

农作物种植与科学养殖

编　　著	董召荣
责任编辑	刘全银
出版发行	现代出版社
地　　址	北京市安定门外安华里 504 号
邮政编码	100011
电　　话	010-64267325　64245264（传真）
网　　址	www.1980xd.com
电子邮箱	xiandai@vip.sina.com
印　　刷	三河市宏盛印务有限公司
开　　本	787mm×1092mm　1/16
印　　张	10
版　　次	2021 年 9 月第 1 版　2024 年 12 月第 13 次印刷
书　　号	ISBN 978-7-5143-9190-9
定　　价	20.00 元

版权所有，翻印必究；未经许可，不得转载

前　言

随着经济全球化趋势的不断加快，国际竞争已经进入了一个新阶段。当今国际竞争成败的关键是以高新技术为核心的综合国力，而不再是传统意义上的土地、资本以及劳力等有形资本。为了能够在国际贸易领域占据有利地位，发达国家不断调整政策，从各方面加大对农业的投入，使农业生产稳定地发展。同样，为了提升综合国力和国际地位，我国也加大了对农业的投入，以科技来促进农业的发展。

习近平说："中国要强，农业必须强；中国要美，农村必须美；中国要富，农民必须富。"据农业农村部统计，截至2019年，全国农村实用人才总量突破2000万，其中新型职业农民超过1500万。而这些新型职业农民必将为乡村振兴集聚人气、增添活力，为加速农业产业转型和现代化发展做出贡献，甚至成为现代农业的"接班人"。

党的十八大以来，各级农业农村部门大力实施人才强农战略，统筹推进农业农村各类人才队伍的建设，并取得了显著的成效，农业农村人才政策体系和体制机制一直在完善，人才队伍建设在不断加强。

随着社会经济的持续发展，生活水平的不断提高，人们对食品品质的要求也越来越高，而传统的种植和养殖技术落后，既不能提高经济效益，也无法满足人们的饮食需求，所以说，无论是种植还是养殖，都应该从更换新品种、改变种养模式，从提高效率和提升品质上做考虑。由于近些年来粮食的价格没有明显上涨，而生产资料与人工成本却显著

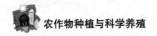

上升，农民想实现高盈利已经很难，所以要了解当今社会先进的生产技术，科学地去种植与养殖，去实现高产稳产的局面，从而发家致富。

可以这样说，种植农作物和养殖禽畜都是在孕育生命，要把握好每一个生长节点。以种植农作物来说，不同地域农作物的种类、土壤条件以及气候条件不一样，养护种植技巧也有差异。从农作物的培育到生长，再到收成后土地的养护所经历的各个时期，需要专业技术的指导。所以说，不管是种养新手还是老手，都对农技知识有着巨大的需求。如何将理论运用到实践中，让晦涩难懂的农业技术知识变得简单明了，是大家最为关心的问题。

毛泽东曾说："要把一个落后的农业的中国改变成为一个先进的工业化中国，我们面前的工作是很艰苦的，我们的经验是很不够的，因此，必须善于学习。"

这本书以理论和实践相结合为指导原则，深入浅出，简单明了，试验步骤清晰，可操作性强，能教会读者怎样去实现种植业和养殖业的高产，同时希望读者通过看这本书激起久违的学习兴趣，为了自家"一亩三分田"，积极地投入科学生产的浪潮当中，争做当地的劳动楷模，让自己的"钱袋子"鼓起来。

目　录

第一章　农作物优良品种的选育 / 001

　　优良品种选育的方法 / 001

　　品种的区域试验 / 004

　　主要作物品种审定标准 / 007

　　非主要农作物品种登记办法 / 010

第二章　粮食作物生产技术 / 015

　　水稻栽培技术 / 015

　　小麦栽培技术 / 018

　　玉米栽培技术 / 022

　　大豆栽培技术 / 025

　　荞麦栽培技术 / 028

　　薏苡栽培技术 / 031

第三章　特种经济作物生产技术 / 035

　　亚麻栽培技术 / 035

花生栽培技术 / 038

向日葵栽培技术 / 041

大麻栽培技术 / 044

胡麻栽培技术 / 047

红花栽培技术 / 051

苏子栽培技术 / 054

第四章　瓜果蔬菜作物高效种植 / 057

瓜类蔬菜 / 057

茄果类蔬菜 / 060

常见绿叶菜 / 064

豆类蔬菜 / 067

葱蒜类蔬菜 / 071

根菜类蔬菜 / 075

第五章　科学方法养殖家畜 / 079

猪饲料加"调料"，催肥真见效 / 079

母猪多胎高产新技术 / 082

奶牛饲养管理要点 / 085

肉牛短期快速肥育技术 / 088

肉驴饲养技术 / 091

第六章　家禽类的科学养殖法 / 095

蛋鸡饲养技术 / 095

肉鸡饲养技术 / 099

　　鸭繁育技术 / 102

　　鹅的规模化养殖 / 105

第七章　水产养殖的科学技术 / 109

　　泥鳅仿野生高产饲养技术 / 109

　　海参养殖技术 / 113

　　虹鳟鱼人工养殖技术 / 116

　　速效养鳖新技术 / 119

　　海湾扇贝的高产养殖技术 / 123

　　彩虹鲷养殖技术 / 126

　　鲍鱼养殖方式 / 129

第八章　特种动物养殖 / 133

　　蛤蚧的养殖技术 / 133

　　麝的养殖技术 / 136

　　竹鼠的人工养殖 / 139

　　蟾蜍的人工养殖与取酥 / 142

　　林蛙养殖技术要点 / 145

　　土元的饲养与管理 / 148

第一章
农作物优良品种的选育

优良品种选育的方法

农作物品种的好坏,对农作物的产量产生了直接的影响。所以,选育优良的农作物品种,是提高农作物产量的有效措施。农作物优良品种选育也是我国农业科技的核心之一。

国家依然重视农业发展

农业是我国的第一产业,是国民经济的基础。农业生产提供的基本生活资料是人们赖以生存、发展的根本,农业生产所创造的剩余产品是社会其他生产部门存在和扩大的基础。我国是一个农业大国,一直都极为重视农业的发展。

一直以来,我国农作物育种以提高产量为首要目标,没有注重品质和效益,导致我国优质农作物新品种缺乏,育种和繁育技术体系不配套,制约着我们农业的发展。

农业农村部原副部长余欣荣在一次农作物新品种选育与推广工作会议上指出,要加快选育推广一批高产、优质、多抗、广适的突破性新品种，提高品种的稳产性、适应性、抗逆性和安全性。他还指出，我国农作物新品种选育和推广工作存在育种机制不适应、突破性品种不多、育种技术不适应、新品种权保护力度不够等方面的问题。

为此，余欣荣副部长强调，要从以下五个方面来解决以上问题。

一是加快挖掘优质的基因和资源，加快制定《农作物种质资源中长期发展规划》，加强种质资源收集鉴定保护与利用工作，创制优异育种材料，收集保护珍稀资源。

二是加快突破性品种选育，要以市场为导向，立足自主创新，健全新型新品种选育体系，推动企业与科研单位的合作，搭建分子育种公共平台；大力支持企业开展商业化育种和科研单位开展常规作物的育种。

三是建立公正精准科学的品种审定体系。农业农村部将通过种子工程项目，全面提升品种试验能力，优化品种试验布局；强化测试体系基础设施建设；完善品种试验技术和标准；切实加强品种审定源头管理。

四是加强农业植物新品种权保护，加强植物新品种测试中心、分中心建设；建立新品种权转让交易平台；强化品种权执法。

五是进一步抓好新品种展示示范推广工作，粮棉油生产大县都要开展新品种展示示范工作，推进新品种引进示范场建设，农业农村部将进一步争取加大国家支持力度，在粮棉油生产大县建设新品种引进示范场，各地也要加强对示范场投入。

新品种选育的方法

依据品种来源及选育方法不同，大概分为以下几类。

1. 农家品种。在一定的自然条件和农业生产条件下，经过长时间的人工选择和自然选择形成的品种，能够较好地适应当地的自然条件。

2. 常规品种。按照一定的育种目标，通过选种或人工杂交重组育成的定型品种，具有抗逆性、产品优质性、丰产稳定性以及适宜的熟性等特点。

3. 杂交种。指不同品种与自交系间杂交后的子一代，即一代杂交种。

比如生产中的大部分高粱、玉米种子，一些水稻品种以及大部分的蔬菜品种。

4. 营养繁殖系品种。指自花授粉或异花授粉作物，通过选择某一部分营养器官，扩大繁殖所育成的品种，如马铃薯、甘薯、大多数果树均是营养繁殖系品种。

5. 引入品种。指外地区和国外直接引进的农作物新品种，而只有通过适应性试验，才能在本地区或本国推广开来。引种时，既可以引入现有的优良品种，又可以引入新的农作物品种。

优良品种的推广应用

再优良的品种没有人知道也是不行的，所以推广很有必要，但是推广新东西会遇到很多的实际麻烦。

1. 品种种类多，选择困难。

2. 虚假宣传引发不必要的事故纠纷。

3. 品种各项推广程序混乱。

4. "未审先推"现象存在。

5. 农民科技法律知识缺乏。

加快优良品种推广的建议

针对上述问题，就要想到合适的解决方案，建议大致如下。

1. 加大新品种示范力度。新品种应用的前提是试验示范。一方面政府或农业主管部门加大对新品种的引进，建立长效的引进、试验的机制，使农作物品种更替周期缩短。另一方面加大地方的示范力度，让相关人员对新品种的知晓度、使用率都得到提升。

2. 适时引进转基因种子。转基因种子可以有效地降低劳动力成本，减少环境污染，提升农产品品质。要密切关注转基因品种的利用，在法律法规许可的条件下，及时引进转基因品种进行适应性试验。

3. 宣传良品和警示品种。建立一套较为科学严谨的筛选程序来推行品种选育工作，让这一制度真正起到引导经营者和使用者科学选择良种的作用。同时要创新品种推介和警示机制，全面提高推介品种的使用率，降低慎用品种的使用率。

4. 加强培训，提升品种推广者的专业素质。

品种的区域试验

品种是某一栽培作用适应于一定的自然条件和栽培条件的群体。品种的特点：（1）具有一定的价值；（2）具有时间性、地区性；（3）具有稳定的生物学特性和形态特征；（4）能够表现出品种所特有的优良特性。

品种区域试验的概念

品种区域试验是指在统一规范的要求下进行试验，全面鉴定新育成品种的适应性、抗逆性、丰产性和品质，根据品种在区域试验中的表现，结合抗逆性鉴定和品质结果，来综合评价这个品种。这是评价品种的科学依据，也是品种审定推广、品种科学布局的重要依据。

区域试验采用的是唯一性试验，即管理条件要一样，就只有品种

第一章 农作物优良品种的选育

的差别。但因为试验场所在田间、在管理操作上,难以做到一致,因此,为了减少可能存在的差异,比如地力本身、施肥、浇水,甚至是播种的顺序,试验采取三次重复、随机区组排列的方式。

品种区域试验评价方式

品种区域试验一般采用比对照品种的方式或者是采用同组全部参数品种平均值的方式来评价。其中需要记录的数据包括:产量、株高、抗病、抗倒、抗寒、抗旱、穗粒数、亩穗数、千粒重、容重等,还有多种专业鉴定或分析,比如抗旱、抗寒、抗病、品质、特征特性描述等。

明确区域试验的任务

根据不同作物的特点制订详细的实施方案,包括试验设计、田间布局、栽培管理、记载项目和统计分析方法等;安排区域试验和生产试验点,落实试验计划和进度,总结试验进度,并负责向专业组提供总结材料。

区域试验的主要方法

区域试验的方法包括:试验设计和田间布置,包括试验点的选择、试验处理样本的确定,区域试验的形状、方位及面积,重复次数;取样、

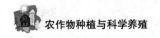

考种和测产,包括样本容量、样本株农艺性状考查、测产面积的方法;区域资料的统计方法和对品种的评价。

正确认识区域试验

对于品种的筛选来说,区域试验是相对公平、科学的一种方法,虽然具有相当大的可信度,但也存在一定的局限性。有的时候,品种的内在特性具有一定的隐蔽性,打一个比方,这就如学生参加考试,没通过考试的学生,不一定不如通过考试的学生,考试第一的学生也不一定是将来成就最大的。但一般情况下,多年表现都是第一的品种往往是抗逆性、适应性综合最好的。

区域试验的基本流程

一个品种的审定要经过预备试验、区域试验、生产试验这几关。经过几关的筛选,逐级递进,不符合标准的就会被淘汰掉。

预备试验:一组可以容纳上百个品种,如果合格进入区域试验。

区域试验:一般情况下,一组品种最多为16个,随机排列,重复三次,要经过连续2年的区域试验。如果合格就进入生产阶段,即大区试验。

生产试验:一般要求一个品种的面积0.5亩(333m^2),试验一年,个别品种需要2年。区域试验第一年表现好的同时进行生产试验。从参加试验到获得审定,这个过程至少需要3年时间。

区域试验的主要缺点

既然是试验,必定存在各种漏洞,区域试验也同样存在一些需要改进的地方。

1.区域试验对照品种缺乏标准。品种的生育期、株高、穗位、抗倒、耐热、病害、产量等性状没有建立具有可比性的标准数据,导致审定过的品种很难做比较性研究。

2.区域试验数据没有实现应有的价值。区域试验不仅能鉴定品种的优劣,同样也是气候类型、栽培管理方式、品种互做试验,每年有大

第一章 农作物优良品种的选育

量的观察、记载数据，是研究良种良法配套最好的参考数据，是发现品种优点与缺陷的最好参考。但很多数据都不对外公开。

3.区域试验投入严重不足。区域试验仪器、设备、地力均匀性、人员待遇、管理模式方面都存在缺陷，影响了区域试验质量。

4.区试评价十分粗糙，离科学、准确、细致、全面地评价品种的应用性的差距较大。

5.没有给予区域试验应有的重视和应有的地位。区域试验的社会价值是业界都认可的，但依然停留在口头重视阶段，对区域试验投入不足，管理上十分松散。区域试验虽然不能创造品种，但每年从培育出来大量的新品种（系）中筛选出了高产而且稳定的品种。国家应该大力扶持区域试验研究和实施以及基础育种，而应用育种和新品种推广交给市场就行。

主要作物品种审定标准

当前，我国农业发展已经由原来过度依赖资源消耗、一味追求量，向绿色生态可持续、注重品质方向发展，要求品种审定工作按照"提质增效转方式，稳粮增收可持续"的总体思路，在确保粮食安全的基础上，根据市场需求来变化，以种性安全为核心，以绿色发展为引领，以提高品质为方向，以鼓励创新为根本，将绿色优质、专用特用指标放在更加显要的位置上，对品种选育方向加以引导，加快选育出能够满足社会需要的新品种，加快新一轮品种的推陈出新。因此，国家农作物品种审定委员会修订了《主要农作物品种审定标准（国家级）》（以下简称《审定标准》）。

《审定标准》的主要原则

品种审定标准按照三个原则来进行分类。

1.保障粮食安全。便于高产、稳产品种审定。

2.突出绿色发展。便于节肥、节水、节药品种的审定，便于优良、适宜机械作业品种的审定,满足资源的高效利用以及农业的可持续发展。

3. 符合市场需求。满足市场多元化需求、农业供给侧结构性改革和对品种多样化的要求。

品种及其分类标准

按照高产稳产、绿色优质和特殊类型三类,品种审定委员会分别制定相应的审定标准。

1. 高产稳产品种。要求品种高产稳产,相对于对照品种而言,试验品种产量增产3%以上。

2. 绿色优质品种。要求品种能够在非生物逆境(干旱、盐碱、重金属污染、异常气候等)中生存,能够抵抗生物侵害(病虫害),还能高效利用水分养分,品质优良等,极大地节约水、肥料资源,有利于机械化作业或者简化栽培。

3. 特殊类型品种。特殊类型或特殊用途品种,如资源高效利用品种、水稻耐盐(碱)及镉低积累品种、栽培条件特殊品种、特殊用途品种等应适应市场多元化需求。

根据市场完善《审定标准》

品种审定工作最重要的任务是为农业生产筛选最先进、最适应、最安全的新品种。在品种审定过程中,对于品种试验和《审定标准》与生产实际不相符的,随时向国家农作物品种审定委员会办公室汇报,经主任委员会研究同意,及时调整试验,并补充完善《审定标准》。

小麦的国家级审定标准

1. 抗病性

长江上游冬麦区条锈病未达到高感,长江中下游冬麦区赤霉病未达到高感,东北春麦早熟区秆锈病未达到高感,东北春麦晚熟区秆锈病中抗(含)以上。黄淮冬麦区南片水地品种、黄淮冬麦区北片水地品种、北部冬麦区品种、西北春麦区水地品种,对鉴定病害未达到全部高感。除达到上述要求外,不同麦区还应对以下抗逆性状进行鉴定。

长江上游麦区冬麦品种：白粉病、赤霉病和叶锈病。

长江中下游麦区冬麦品种：条锈病、叶锈病、白粉病、纹枯病和黄花叶病毒病。

黄淮冬麦区南片水地品种：条锈病、叶锈病、赤霉病、白粉病和纹枯病。

黄淮冬麦区北片水地品种：条锈病、叶锈病、赤霉病、白粉病和纹枯病，抗寒性。

黄淮冬麦区旱肥地品种、旱薄地品种：条锈病、叶锈病、白粉病和黄矮病，抗旱性，抗寒性。

北部冬麦区水地品种：白粉病、条锈病和叶锈病，抗寒性。

北部冬麦区旱地品种：白粉病、条锈病、叶锈病和黄矮病，抗旱性，抗寒性。

东北春麦区早熟品种：叶锈病和白粉病。

东北春麦区晚熟品种：叶锈病、白粉病、赤霉病和根腐病。

西北春麦区水地品种：条锈病、叶锈病、白粉病、黄矮病、赤霉病。

西北春麦区旱地品种：条锈病、叶锈病、白粉病、黄矮病，抗旱性。

2. 抗倒伏性

每年区域试验倒伏程度≤3级，或倒伏面积≤40.0%的试验点比例≥70%。

3. 生育期

不超过安全生产和耕作制度允许范围的品种。

4. 抗寒性

北部冬麦区和黄淮北片麦区抗寒性鉴定，或试验田间表现，越冬死茎率≤20.0%或不超过对照的品种。

5. 品质

满足下述各项相关指标要求的强筋、中强筋和弱筋小麦为优质品种。

强筋小麦：粗蛋白质含量（干基）≥14.0%、湿面筋含量（14%水分基）≥30.5%、吸水率≥60%、稳定时间≥10.0分钟、最大拉伸阻力Rm.E.U.（参考值）≥450、拉伸面积≥100cm^2，其中有一项指标不满足，但可以满足中强筋的降为中强筋小麦。

中强筋小麦：粗蛋白质含量（干基）≥13.0%、湿面筋含量（14%水分基）≥28.5%、吸水率≥58%、稳定时间≥7.0分钟、最大拉伸阻力Rm.E.U.（参考值）≥350、拉伸面积≥80cm^2，其中有一项指标不满足，但可以满足中筋的降为中筋小麦。

中筋小麦：粗蛋白质含量（干基）≥12.0%、湿面筋含量（14%水分基）≥24.0%、吸水率≥55%、稳定时间≥3.0分钟、最大拉伸阻力Rm.E.U.（参考值）≥200、拉伸面积≥50cm^2。

弱筋小麦：粗蛋白质含量（干基）＜12.0%、湿面筋含量（14%水分基）＜24.0%、吸水率＜55%、稳定时间＜3.0分钟。

非主要农作物品种登记办法

中华人民共和国农业农村部于2017年3月30日发布了《非主要农

第一章 农作物优良品种的选育

作物品种登记办法》（以下简称《办法》），《办法》的出台是为了规范非主要农作物品种管理，科学、公正、及时地登记非主要农作物品种，制定的依据是《中华人民共和国种子法》，自2017年5月1日起开始施行。这意味着我国农作物品种管理向市场化方向迈出重要一步。

《办法》部分政策列举

第一章 总则

第一条 为了规范非主要农作物品种管理，科学、公正、及时地登记非主要农作物品种，根据《中华人民共和国种子法》（以下简称《种子法》），制定本办法。

第二条 在中华人民共和国境内的非主要农作物品种登记，适用本办法。

法律、行政法规和农业农村部规章对非主要农作物品种管理另有规定的，依照其规定。

第三条 本办法所称非主要农作物，是指稻、小麦、玉米、棉花、大豆五种主要农作物以外的其他农作物。

第四条 列入非主要农作物登记目录的品种，在推广前应当登记。

应当登记的农作物品种未经登记的，不得发布广告、推广，不得以登记品种的名义销售。

第五条 农业农村部主管全国非主要农作物品种登记工作，制定、调整非主要农作物登记目录和品种登记指南，建立全国非主要农作物品种登记信息平台（以下简称品种登记平台），具体工作由全国农业技术推广服务中心承担。

第六条 省级人民政府农业主管部门负责品种登记的具体实施和监督管理，受理品种登记申请，对申请者提交的申请文件进行书面审查。

省级以上人民政府农业主管部门应当采取有效措施，加强对已登记品种的监督检查，履行好对申请者和品种测试、试验机构的监管责任，保证消费安全和用种安全。

第七条　申请者申请品种登记，应当对申请文件和种子样品的合法性、真实性负责，保证可追溯，接受监督检查。给种子使用者和其他种子生产经营者造成损失的，依法承担赔偿责任。

第二章　申请、受理与审查

第八条　品种登记申请实行属地管理。一个品种只需要在一个省份申请登记。

第九条　两个以上申请者分别就同一个品种申请品种登记的，优先受理最先提出的申请；同时申请的，优先受理该品种育种者的申请。

第十条　申请者应当在品种登记平台上实名注册，可以通过品种登记平台提出登记申请，也可以向住所地的省级人民政府农业主管部门提出书面登记申请。

第十一条　在中国境内没有经常居所或者营业场所的境外机构、个人在境内申请品种登记的，应当委托具有法人资格的境内种子企业代理。

第十二条　申请登记的品种应当具备下列条件：

（一）人工选育或发现并经过改良；

（二）具备特异性、一致性、稳定性；

（三）具有符合《农业植物品种命名规定》的品种名称。

申请登记具有植物新品种权的品种，还应当经过品种权人的书面同意。

第十三条　对新培育的品种，申请者应当按照品种登记指南的要求提交以下材料：

（一）申请表；

（二）品种特性、育种过程等的说明材料；

（三）特异性、一致性、稳定性测试报告；

（四）种子、植株及果实等实物彩色照片；

（五）品种权人的书面同意材料；

（六）品种和申请材料合法性、真实性承诺书。

第十四条　本办法实施前已审定或者已销售种植的品种，申请者可以按照品种登记指南的要求，提交申请表、品种生产销售应用情况或者品种特异性、一致性、稳定性说明材料，申请品种登记。

第十五条　省级人民政府农业主管部门对申请者提交的材料，应当根据下列情况分别作出处理：

（一）申请品种不需要品种登记的，即时告知申请者不予受理；

（二）申请材料存在错误的，允许申请者当场更正；

（三）申请材料不齐全或者不符合法定形式的，应当当场或者在五个工作日内一次告知申请者需要补正的全部内容，逾期不告知的，自收到申请材料之日起即为受理；

（四）申请材料齐全、符合法定形式，或者申请者按照要求提交全部补正材料的，予以受理。

第十六条　省级人民政府农业主管部门自受理品种登记申请之日起二十个工作日内，对申请者提交的申请材料进行书面审查，符合要求的，将审查意见报农业农村部，并通知申请者提交种子样品。经审查不符合要求的，书面通知申请者并说明理由。

申请者应当在接到通知后按照品种登记指南要求提交种子样品；未按要求提供的，视为撤回申请。

第十七条　省级人民政府农业主管部门在二十个工作日内不能做出审查决定的，经本部门负责人批准，可以延长十个工作日，并将延长期限理由告知申请者。

《办法》实施的意义

《办法》公布了第一批29种非主要农作物登记目录，分别为农业农村部和省级农业主管部门依照《种子法》确定的22种审定农作物，以及7种在当前生产中具有较高的社会价值、经济价值的农作物。这些都是促进农业增收、发展特色产业的关键作物，对促进农业供给侧结构性改革具有重大意义。同时，品种登记制度和新品种保护制度结合，并行使用，推动了非主要农作物新品种研发的投入进程，规范了市场行为，打击了假冒侵权，促进了特色作物种业的发展。

第二章 粮食作物生产技术

水稻栽培技术

稻，通称水稻，是禾本科一年生水生草本，也是人类重要的粮食作物之一，有着悠久的耕作、食用历史。

目前，我国是世界水稻生产的第一大国。水稻的总产量在世界粮食作物产量中占据第三位，低于玉米和小麦，但能维持较多人的生存。水稻主要分为2个亚种，即籼稻与粳稻。亚种又包括较多的栽培品种。

水稻的培育和壮秧

想要水稻高产，首先要能培育出优质的壮秧出来，再加上科学的栽培技术。

1. 种子处理

选用适合当地自然环境的优质、高产、抗病的品种。一般情况下，在播种前，要将种子晒 2~3 天，目的是唤醒处于休眠期的水稻种子，然后浸入水中，让种子吸水量达到自身重量的 25%，淘汰掉浮在水面的杂质和不饱满的种子。可以在浸种的过程中放一些药剂，达到杀死种子表皮病菌的作用，选择当地质量及效果显著的药剂，比如25%的亮地乳油等。等种子浸好后捞出控干，浇50℃的温水，使种子均匀受热后，铺在稻草上，温度控制在28~30℃，每12小时翻动一次，缺水时勤浇水，2~3天后出芽，最后将出芽的种子晾晒，使种子表皮不沾手即可，这样就更能播种均匀。

2. 播种

根据当地的实际情况进行播种，一般播种时间在4月初。秧田要求土壤肥沃、排灌方便、无盐碱。秧田肥力的高低，是培育壮秧的关键。最好每亩施农家肥5~7方，腐熟饼肥50kg耕翻，然后用细耙，使土、肥混合均匀，整理后待播。不同品种有着不同的最佳播种时间，根据所选的种子类型，在最适合的时间去播种，这样有利于壮秧的培育。这是因为播种过早，秧龄老化，分蘖缺位，插后分蘖慢，分蘖少；播种过晚，秧苗嫩弱，插后返青慢。想要培育出壮秧，达到高产的目的，就不能忽视播种方法，播种时达到半籽入泥，不能撒籽不见籽，以防播种深浅不一，出苗不齐，播后用铁锹轻拍，使种子和泥面平。严禁稀泥下种，泥浆上盖粪土。床面盖的粪土干燥，透气性好，对促进种子发根很重要。

3. 插秧栽培

（1）壮秧稀植栽培

北方稻田常采用长方形插秧方式，由于各地条件、品种类型等不同，插秧规格也不同，往往南方稻田插秧的密度高于北方。不管哪种栽植方式，其共同点都是采取壮秧稀植栽培，是以稀播稀插、肥水平稳促进为特点的水稻高产高效益综合栽培技术。近些年，随着育秧技术的提高，东北地区出现了"超稀植"栽培，每亩秧苗数有所减少。这样的技术不仅降低了成本，取得了增产增收的效果，还有效地增强了植株对病虫害的抗性和抗倒伏的能力，从而减少了农药的使用量，获得优质无公害的水稻。

（2）水稻抛秧栽培

水稻抛秧栽培技术是指利用塑料育秧盘或无盘抛秧剂等培育出根

部带有营养土的秧苗，通过抛或者丢的方式移栽到田中的栽培技术。在抛秧之前，及时地精心整地，用平田杆将田地拖平，施足以复合肥为底肥，配合氮、磷、钾肥的基肥。争取早抛秧苗，也就是秧龄在 30 天内，叶龄不超过 4 片的时候，开始抛秧最好，用手抓住秧尖向上抛 2~3m 的高度，让秧苗自由落地，先尽量均匀抛 70% 的秧苗在田地中，然后在每隔 3m 拣出一条 30cm 的工作道，将剩余的 30% 秧苗顺着工作道向两边补缺。

了解水稻的水肥管理

在水稻的栽培过程中，要对水稻的施肥量加以控制，分期分批使用肥料，后期要补充磷钾肥等。

底肥：以有机肥为主，辅以速效性化肥。一般亩施有机肥 1500~3000kg、尿素 6~7kg、过磷酸钙 35~40kg、氯化钾 8~10kg 或平衡型复合肥 35kg。

分蘖肥：一般情况下，分蘖肥要分两次施用，第一次在返青后，施尿素或高氮复合肥，配施适量硫酸钙、硫酸锌；第二次在分蘖盛期施尿素或高氮复合肥。

穗肥：以幼穗分化 1~2 期时为好，亩用氯化钾和尿素。

叶面追肥：水稻在拔节至灌浆期时，结合防病灭虫用药，掺入叶面肥进行根外追肥。肥料可选择磷钾源库、尿素、硅肥、硼肥等，在破口、孕穗、抽穗等需肥关键期施用。

了解水稻的病害防治

水稻在生长过程中会遇到很多病害，及时有效地去防治，也是保证高产的一种必要措施。

1. 稻瘟病

稻瘟病又称稻热病，按危害时期和部位不同，分为苗瘟、叶瘟、穗颈瘟、枝梗瘟、粒瘟等。防治方法：首先要选用抗病品种；合理施肥，增施有机肥、磷钾肥；科学排灌；破口前 2~3 天，每亩用 40% 的富士 1

号乳油 75~100mL 或 20% 的三环唑可湿性粉剂 100g 混合就苗海藻酸碘 20g，加水 50~75kg 喷雾，7~10 天再喷药一次。

2. 白叶枯病

发生症状：主要发生于叶片及叶鞘上。初期在叶缘产生半透明黄色小斑，以后沿叶脉一侧或两侧或沿中脉发展成波纹状的黄绿或灰绿色病斑；病部与健部分界线分明；数日后病斑转为灰白色，并向内卷曲。防治方法：选用抗病品种；用 1% 中生菌素 50 倍液浸种 24 小时，进行消毒；培育无病壮秧；移栽前 7~10 天，每亩用 20% 的叶枯宁可湿性粉剂 500 倍液混合赛生海藻酸碘喷施。

小麦栽培技术

小麦是世界上最古老的栽培作物之一，同时小麦在世界上分布广泛。之所以能成为重要的粮食作物，是因为它拥有极高的营养价值，其中包括人类所必需的多种营养物质，比如碳水化合物、蛋白质、脂肪、矿物质和各种人体必需的氨基酸，等等。而我国是世界上小麦栽培最古老的国家之一，据考古证明，早在 7000 多年前，我们的祖先就开始种植麦类作物了。

保证小麦的出苗率和速度

小麦从播种下去,会经过种子萌发、出苗、生根、长叶、拔节、孕穗、抽穗、开花、结实到成熟的过程,而这个过程所需要的天数就叫作生育期。按照播种时间不同,小麦又分为冬小麦(生长周期为230~270天)和春小麦(生长周期为100天左右)。小麦的种子是由受精后的整个子房发育而成的果实,表面上有很薄的果皮和种皮连在一起,其形象多样化,有梭形、卵圆形、圆筒形、椭圆形和近圆形。颜色也分为多种,欧红色、黄白色、浅黄色、金黄色、深黄色等。同一品种,干旱时颜色较深,水分充足时则浅。影响小麦出苗率和出苗速度的因素有品种特性、种子质量、温度、土壤湿度、播种深度和整地质量等。

1. 品种特性

小麦的品种有很多,不同品种有着不同的特性。

(1)白皮品种:休眠期相对短,成熟期遇大雨容易受损。

(2)红皮品种:种皮较厚、色素较多、透气性差、吸水发芽慢、出苗率较白皮低。

(3)角质型或硬粒型小麦:虽然蛋白质含量高,但是吸水发芽速度慢,种子吸水膨胀力相对粉质型较弱,不过出苗率相对高一些。

(4)其他品种:有些品种在成熟期容易受到不良环境的影响,使种胚丧失发芽能力,也就是黑胚现象。

2. 种子质量

同一品种籽粒大小不同,出苗率也不同,一般选择大颗粒饱满的种子,这样的种子中营养物质多,出苗率高,第一片绿叶大,麦苗苗壮。

3. 温度

在适宜的条件下,小麦种子萌动的温度在0~40℃,最适宜的温度为15~20℃。温度过高,影响发芽;温度过低,发芽缓慢,且容易染病。想要保证冬小麦出苗率高,最好在当地适合的播种时间,越早播种越好。

4. 土壤湿度

一般适用于小麦出苗的土壤含水量为，砂土地13%~17%，壤土15%~19%，淤地19%~25%。含水量过低，会导致出苗时间的延长；含水量过高，会导致土壤盐碱化，还会产生大量的有毒物质，导致小麦烂籽。

小麦的基本灌溉技术

小麦灌溉需要遵循以下原则。

1. 播前灌水

为了保证小麦的高产，培养壮苗，在开播之前，要求保证土壤湿度为田间灌水量的70%~80%，低于50%，会导致出苗慢、苗不全的现象。

2. 越冬灌水

冬灌最适合的温度为日平均气温在3℃左右。如果是沙土含水量低于14%，两合土低于16%，淤土低于18%，就应该考虑浇水了。但是水量不宜过大，以免地面积水，遇低温形成冰层，造成根茎死亡。

3. 春季灌水

春季灌水是争取穗多而大、粒多的关键时刻。应该保持田间持水量在70%~80%，孕穗期应保持田间持水量的80%，否则影响穗粒数。

强筋小麦高产栽培技术

强筋小麦是指面筋数值较高、筋力较强的小麦，主要用于制作面包，拉面和饺子等要求面粉筋力很强的食品。

1. 要想生产高质量的强筋小麦，首先要根据当地实际情况选择优质的、经过提纯复壮的品种，然后在播种前使用高效低毒的小麦专用药剂对种子进行处理，来综合治理各种病害，培育壮苗。

2. 合理施肥，一般每亩田施有机肥3000kg，纯氮14kg，纯磷、钾各7kg，硫酸锌1kg。

3. 适当深耕，达到上松下实，保证浇水均匀，做到足墒播种（足墒的指标是土壤湿度为田间持水量的80%左右）。

4. 适期播种，提高播种质量。

5.蜡熟末期为最佳收获期,收获后及时分品种晾晒,然后去净杂质,安全储藏。

小麦前氮后移栽培技术

这种技术是适用于强筋小麦和中筋小麦高产优质相结合的一套创新技术。这种技术的实施要注意两点:一是运用在较高肥力的土壤上;二是在正常栽培条件下(除了晚茬弱苗、群体不足等)。在施肥时期,主要是将氮素化肥的底肥比例减少到50%,追肥比例增加到50%;同时将春季追肥时间后移,来改善小麦的品质。

超高产小麦栽培技术

所谓的超高产小麦品种就是生产潜力大、抗倒伏、抗病性好、抗逆性强、株型结构合理、光合生产能力强、经济系数高、不早衰的优良品种,根据各地超高产栽培经验看,多穗型和中穗型的品种高产稳定性好,管理难度小,出现超高产的频率较高。超高产麦田要求地面平整,坡降一般控制在 0.1%~0.3%。土层厚度在 2m 以上,且中间没有明显障碍层次(如粗砂层、铁板沙等),同时要求耕作层(也称熟土层)厚度最好在 24cm 以上,这样有利于形成良好的团粒结构,实现水肥气热协调。

想要让自家的小麦产量达到超高产，那么对土壤肥力就有一定的要求：首先要让土壤有丰富的养分，土壤质地要有良好的松紧度、通透性和保蓄能力，并且pH酸碱度6~7，含盐量不能超过0.2%。

玉米栽培技术

玉米在农业生产中是一种很重要的粮食作物。可以说，玉米"全身都是宝"，不仅是含有丰富的营养价值的高产作物，还是轻工业的重要原料。其中玉米籽粒可以制造淀粉等，玉米胚是很好的油脂原料，玉米茎秆可以制造纤维素、人造纸等，玉米果穗中的穗轴可以制造人造软木塞、黑色火药等，在其茎秆中提取的糠醛，是制造高级塑料的重要原料。玉米苞叶可以编织成各种工艺品。玉米在医药上也有着广泛的用途。玉米淀粉是制造抗生素的原料，玉米油中含有激素和多量维生素E，具有治疗高血压和血管硬化的作用。正是因为玉米有着较高的经济价值，所以发展玉米生产，就具有了重要的意义。

高油玉米的栽培技术

高油玉米的含油量远远高于普通玉米，可以达到7%~10%，甚至可以达到20%左右。玉米油中脂肪酸甘油酯的80%以上是不饱和脂肪酸。玉米油中有人体吸收值高的油酸和亚油酸，这些都具有降低血清中胆固醇含量和软化血管的作用。与普通玉米相比，这种高油玉米具有高能、高蛋白、高赖氨酸、高色氨酸、多维生素A和多维生素E等优点。想要种好这种玉米，需要注意一定的栽培技术。

首先，要选择优良的品种。最好选择那种生育期抗病、高产并且含油量高、农艺性状好的优质杂交种。

其次，由于高油玉米生育期较长，为了不影响产量和品质，最好适期早播，如果播种的时间晚了，温度就会偏低，影响玉米的正常成熟。对春玉米来说，华北地区一般在土壤厚度6~11cm，温度11~13℃的时候播种为宜，东北地区则是在7~11℃为宜。夏玉米一般在麦收前6~11

天进行麦田套作或麦收贴茬播种。

再次，由于高油玉米体型较大，合适的密度要低于紧凑型玉米，高于平展型玉米，也就是4000~5000株/亩。为了减少空秆，保证整齐度，出苗数要确保为密度的2倍，也就是播种量要在8000~10000株/亩。为了提高产量，最好增加氮、磷、钾、锌肥配合使用。同时为了防止高油玉米倒伏，最好使用一些玉米健壮素等生长调节剂来加以控制。

最后，要及时防治病虫害。

糯玉米的栽培技术

糯玉米中的淀粉相对易消化一些，蛋白质的含量也要高于普通玉米，其中包括大量的维生素E、维生素B1、维生素C、肌醇、胆碱、烟碱和矿物质元素。糯玉米吃起来口感黏软清香、皮薄无渣。这种糯玉米的品种有很多，为了满足市场的需求，在选择上，最好注意早、中、晚熟品种的搭配。

糯玉米是一种"不合群"的品种，不能将它与其他品种的玉米混在一起种植，因为其特殊的基因组成，会丧失本来"高贵"的气质，变成普通玉米的存在。所以种在植糯玉米时，一定要隔离种植。

这种玉米的"领地意识"很强，它的周围200m不能有其他的同期不同类型的玉米出现。一般可以利用高秆作物、围墙等自然屏障隔离，或者利用花期隔离法，让糯玉米和其他品种的玉米在花期上至少相隔15天以上。种植糯玉米最重要的是要考虑其经济价值。高秆、大穗品种要适当稀疏，有利于采收嫩玉米。低秆、小穗紧凑品种要适当密一些，为的是确保果实大小均匀，提高产量。

糯玉米栽培技术最受关注的一点就是在施肥上。坚持增施有机肥，均衡施用氮、磷、钾肥，追肥以速效肥为主。一般每亩施肥纯氮20~25kg，五氧化二磷15kg，氧化钾15~20kg。基肥、苗肥的比例应在70%，穗肥为30%。

最后再说两点，一个就是要防虫害，要注意的是，糯玉米作为直接食用的产品，需要严格控制化学农药的施用。另一个就是，为了保证糯玉米口感好、味香甜，就要在最适采收期内收获，不同品种有着很大的差别，春播灌浆期气温在 30℃左右，采收以授粉后一个月内完成为最好，秋播则是在气温 20℃左右，在授粉后 35 天为宜。

甜玉米的栽培技术

甜玉米的籽粒中含有大量的蛋白质、多种氨基酸、脂肪、多种维生素和多种矿物质。其中所含的蔗糖、葡萄糖、麦芽糖、果糖都是人体易吸收的营养物质。适用于各种吃法，经过冷藏后，味道如初，适于加工罐头和速冻。

甜玉米应该以市场需要来选择品种。甜玉米和糯玉米一样，都属于基因易受到控制的类型，如果不能很好地进行隔离，导致与其他品种串粉，就会失去甜味，变成普通玉米。要知道，甜玉米种子表面皱缩，发芽率低，苗势弱，所以就应该提前播种。春播要求 10cm 地温稳定在 12℃以上，地膜覆盖可提前 15~20 天播种。也可以采用营养钵育苗等措施播种。

在甜玉米生产中，有机肥、磷肥、50%的氮肥和钾肥可以当作基肥，将种肥隔离使用。追肥的时间分为两期：一次在拔节前，一次在大喇叭口期。一般情况下，每亩纯氮 8~9kg、五氧化二磷 5~6kg、氧化钾 7~8kg，这样的配置可以保证好品质的高产。对于甜玉米的病虫还应做到防重于治，选择优质的抗病品种。其次在生长中注意防治，尽量少使用化学农药，多用生物农药防治。一般来说，春播的甜玉米采收期为授粉后 17~22 天，秋播在 20~26 天收获。

大豆栽培技术

大豆是豆科大豆属的一年生草本，高 30~90cm。花期在 6~7 月，果期在 7~9 月。大豆是农业生产中一种很重要的粮食作物，已经有 5000 年的耕种历史。古时候，人们将其称作菽。我国的东北为主要生产区。因为大豆含有丰富的营养，所以有着"豆中之王""田中之肉""绿色的牛乳"等称号，也是备受营养学家推崇的天然食物。

大豆中含有蛋白质、脂肪、碳水化合物、胡萝卜素、维生素 B1、维生素 B2、烟酸等外，还含有对人类健康极为有利的保健因子，那就是大豆低聚糖、异黄酮、皂苷、核酸。大豆低聚糖是大豆中所有可溶性糖类的总称，具有热量低、甜度低、耐酸、耐高温的特点。大豆中维生素 E 的含量丰富，能够抑制皮肤的衰老，防止色素沉着于皮肤。

大豆的适期播种

大豆性喜暖，种子在 15~20℃开始发芽，生长适温为 20~25℃，开花结荚期适温 20~28℃。一般生育期在 110 天以上的品种最好在 5 月下旬播种，生育期在 100~110 天的品种在 6 月上旬播种为最佳，生育期在 100 天以内的品种以 6 月 15 日以前播种为最佳。夏播大豆在小麦收获后，只要墒情适宜，即可播种。

大豆的田间管理

田间管理的重要性也不容小觑，管理是至关重要的环节。

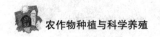

1. 苗期管理

大豆的苗期为30~40天。苗期的长短，是由播种时期和品种决定的。一般情况下，播种早，苗期长；播种晚，苗期短；中晚熟品种苗期长，早熟品种苗期短。苗期主要针对的是培育根系，为此，要在大豆出苗后立即逐行查苗，断垄30cm的地方就要及时补种或者补栽，不到30cm的地方可在断垄两段留双株。在全苗的基础上，实行手工间苗，一般在齐苗后进行间苗。

间苗的方法是按照提前计算好的株距和行距，顺垄除去各种不健康、不健壮的苗，留下壮苗和好苗。大豆在初花期前，需要中耕除草，这样做，不仅可以清除田间的杂草，减少土壤养分的消耗，还可以切断土壤的毛细管，促进根系发育和植株生长。当大豆达到分枝期后，需要大量的养分。

追肥时间以开花前一个星期左右为宜，追肥量应根据土壤肥力状况和大豆的长势确定。施肥方法以顺大豆行间沟为优，施肥后及时浇水，既防旱又能提高肥力效果。

2. 花荚期管理

花荚期就是大豆从初花到鼓粒的时期，需要20~30天。这个时期需要大量的养分和水分，这是大豆一生中需水量最多的时期，也是田间管理最关键的时期。主要目标就是增花保荚。既然这个时期大豆需要很多的水，那么就以水调肥，保证水肥供应，减少花荚脱落，增加粒数和粒重。土壤含水量不低于田间最大持水量的75%，也就是说水量供应要充足，光有水是没有用的，不能保持高产，还需要大量的养分。当然大量不是过量，要适中，养料过多或过少都会影响花荚脱落。一般在底肥或者前期追肥比较充足的地方，植被生长稳健，表现不旺不衰，此期不可追速效性化肥，只能进行叶面喷肥，以快速补充养分，供花荚形成之用。叶面喷肥以磷钾硼钼等多种营养元素复合肥为好。如果底肥不足，适当添加少量的速效化肥，或者在长势不好的地方加一些尿素或者生长素类物质，同时要加强叶面喷肥。

3. 鼓粒成熟期的管理

大豆从鼓起到完全成熟，需要35~40天的时间，这个时期称为鼓粒成熟期。大豆在这个时期的生理特点以糖代谢为主，营养生长基本停止。这个时期的外界条件对大豆有着重要的影响，仍需要大量的水、养分和充足的光照。这个时期我们需要关注的是大豆是否粒多饱满。想要得到优良的大豆，只能运用合理的灌水、抗旱防涝相结合的方式去管理，既要保证土壤中的含水量保持在70%左右，又要做到大雨后的及时排涝。总之，水量一定要正好，不然会造成秕荚、秕粒的现象，影响产量。当发现大豆在鼓粒前期有脱肥早衰的现象时，要及时补充鼓粒肥，补肥仍以叶面喷肥为主。

如何把握收获大豆的时机

大豆收获的时机一定要控制好，过早或者过晚的收获，都会对大豆产量和品质产生不利的影响。收获过早，会降低大豆的重量或者出现青秕粒；收获过晚，会引起所谓的炸荚，从而造成不必要的损失。大豆成熟的现象一般是整株大豆叶片发黄下落，摇动枝干会发出啦啦啦的响声。为了提高大豆的价值，最好是在晴天收割，晒棵不晒粒，晒干后及时地入仓。

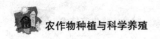

荞麦栽培技术

我国有着悠久的荞麦栽培历史，种植经验十分丰富。随着现代农业的发展，荞麦作为特种作物在发展农村经济中占有很高的地位。经过研究统计，荞麦有25个野生种，2个栽培种。

荞麦的营养价值丰富

荞麦有着多种价值。从营养价值说起，荞麦所含的必需氨基酸可以与主要的谷物（如小麦、玉米、大米）互补。荞麦的碳水化合物主要是淀粉。荞麦含有丰富的膳食纤维，其含量是一般精制大米的10倍；荞麦含有B族维生素、维生素E、铬、磷、钙、铁、赖氨酸、氨基酸、脂肪酸、亚油酸、烟碱酸、烟酸、芦丁及铁、锰、锌等微量元素。因为颗粒较细小，所以和其他谷类相比，具有容易煮熟、容易消化、容易加工的特点。

在保健价值上，荞麦不仅营养全面，而且富含生物类黄酮、多肽、糖醇和D-手性肌醇等高活性药用成分，具有降糖、降脂、降胆固醇、抗氧化、抗衰老和清除自由基的功能。荞麦还含有丰富的膳食纤维，膳食纤维被称为人类的第七类营养素，可以促进胃肠蠕动、通便，对于预防便秘有很好的作用，还可以降低血糖血脂，对人类的健康意义重大。

荞麦不仅对人体有着很好的作用，还可以当饲料，使用荞麦饲喂畜，可以增加猪肉蛋白质和脂肪含量，提高瘦肉率，改善肉质风味，提高牛奶和牛肉的品质，增加鸡蛋蛋壳的厚度、蛋黄和鸡肉中的维生素E含量。此外，荞麦中黄酮类化合物槲皮素和芦丁可以调节奶牛体内的葡萄糖代谢，有利于其肝脏的健康。只有了解荞麦的价值后，我们才会更好地改变其栽培技术，以期望扩大产量，达到高产稳产的效果。

荞麦的基本栽培技术

想要种好荞麦，需要遵循以下几点。

1. 精细整地

荞麦具有很强的适应能力，但为了更好地种植荞麦，获得高产稳产，还是应该选择合适的土地,进行适当的整地,为荞麦的出苗生长提供良好的条件。种植荞麦时,要重点注意施磷肥,较好的茬口是豆类、马铃薯等养地作物;其次是玉米、小麦等用地作物;较差的是胡麻、油菜等茬口,因为土壤中的养分消耗较多,特别是磷的消耗量很大。所以在前作收获后,及时浅耕灭茬,然后进行深耕。深耕的时间越早,接纳雨水就越多,土壤含水量就越高。

2.选种播种

种子的质量直接决定着荞麦的生长状况和最终产量。荞麦种植时要选择高质量种子,然后对种子进行播种前的处理,处理好的种子可以提高发芽率,增强生命活性,提高抵抗病虫害的属性,最终达到增产的目的。

(1)适当播期

云贵地区,春荞麦播种期为4月20日到5月15日,秋荞麦则为8月20号之前。北方春荞麦则选择在5月20日到6月底最佳,北方夏荞麦播种期在6月底、7月中旬之间。南方秋荞麦播种期在8月下旬到9月初最好。

(2)种子的处理

播种前7~10天,将种子薄薄地摊在向阳干燥的地上,气温较高时晒一天就行。在选种的过程中,可以用风选、水选、筛选、机选和粒选等方法,选择出较好的品种。然后将选择好的品种放在装有40℃左右的温水中浸泡15分钟,或者用其他微量元素溶液浸泡种子,都可以促进荞麦幼苗的生长和产量的提高。在晒种和选种后,用一定量的五氯硝基苯与50%的福美双可湿性粉剂,或50%的多菌灵可湿性粉剂,或50%的克菌丹可湿性粉剂按1∶1的比例混合后拌种或土壤处理,可以扩大防病种类,提高防治效果。用辛硫磷乳油拌种后堆闷3~4小时后,待种子八成干时播种,可维持药效25天,达到防治地下害虫的目的。

(3)播种方法

各地播种的方法大不相同,条播、点播和撒播的形式都有。其中条播方式最为普通。这种条播方式有利于合理密植和群体与个体之间的协调发育。条播以畜力牵引出200cm左右开厢，播幅13~17cm，南北垄最好。需要注意的是，由于荞麦顶土能力弱，播种的深度最好不要超过6cm，黏土更要浅一些。对于合理密植的问题，通常把握肥地宜稀、瘠地宜密的原则。

3. 田间管理

播种时遇干旱要及时踏实土壤，播后遇雨或者土壤含水量高时，做好排水工作。中耕要在荞麦第1片真叶出现后进行，一般春荞麦2~3次，夏、秋荞麦1~2次。往往在最后一次中耕时，也就是初花前要把土培到根茎部，这样有利于根系对水分和肥料的吸收。浇灌以畦灌和沟灌为主。想要提高甜荞麦结实率最好的方法就是授粉，它与苦荞麦的授粉方式不同，需要蜜蜂或者人工辅助才能授粉。而苦荞麦属于自花授粉作物，在辅助授粉的过程中，为了避免损坏花器，条播顺垄的方式是最好的。需要注意的是，在露水大、雨天或者清晨雄蕊未开放时，不能进行人工授粉。

薏苡栽培技术

薏苡，又称薏米、五谷子等，为禾本目禾本科植物，喜温暖气候，忌高温、闷热、干旱，不耐寒，对土壤条件要求不严，有着较强的适应性。薏苡具有健脾胃、祛风湿、利关节、行水气、补肺气、镇静安定及除拘挛等功效。这是一种粮药兼用的作物。

了解薏苡的生长习性

一般来说，薏苡的生育期为130~180天。整个生育期包括幼苗期、分蘖期、拔节期、孕穗期、抽穗开花期和成熟期。

幼苗期：要求土壤湿润，应深播。在4~6℃时，种子开始吸水膨胀，当吸水量达到自身干重的50%时，开始发芽。最适宜的出苗条件：土壤含水量在30%，土温15℃。播种后15~20天出苗，这个阶段，生长缓慢。

分蘖期：薏苡的分蘖从三叶期开始，一般情况下，出苗后约3周就进入分蘖期，时间为30~45天。薏苡有着较强的分蘖力，在地下1~5节就具有分蘖能力，在2~4节时，分蘖力最强。一般情况下，幼苗在长出5~6片时，第一个蘖芽就会长出来，最早产生的分蘖还有着分蘖力，能形成二级分蘖。而分蘖能力与品种、播种时节、水分以及土壤肥力有关。肥沃、湿润的土壤环境对分蘖有利，在24~26℃的条件下，分蘖又多又快，适期早播、适当稀植产生的分蘖多。

拔节期：当幼苗长出8片到10片叶子时就会进入拔节期，即大概小苗出土50天的时候。地上基部茎节在进入拔节期后会生出气根来。

孕穗期：随着茎节的伸长，叶片不断长大，应及时灌溉，适时追肥，如此才有显著的增产效果。

抽穗开花期：当薏苡的雌雄小穗从平头状剑叶露出时，就会进入抽穗开花期。一般情况下，抽穗后10~15天就会开花，花期为30~40天。雌雄子穗的花期为3~4天，雄小穗比雌小穗晚3~4天抽出、开放。如果花期过分干旱或者过于水涝，都会影响授粉。

成熟期：灌浆时期如果温度过低会造成秕粒增多。

薏苡的基本栽培技术

1. 品种选择

薏苡是一种异花授粉作物，品种之间容易串粉，导致退化，所以要重视提纯复壮，也就是在众多品种中选择单株产量高，抗病、抗逆能力强的单穗，与原品种相隔400~500m来单独种植，连续几年坚持单选单脱，就可以达到提纯复壮的目的。

2. 选地播种

各类土壤均能种植薏苡，但最好选择低洼、不积水且平坦的土地。结合耕翻施入以有机肥为主的基肥。将种子在水温60℃中浸泡10~15分钟，捞出包好后沉压在配制好的生石灰水中，浸泡48小时。消毒后，用水漂洗，选择沉下去的种子播种。播种的时间最好选择在3~4月，东北地区多选在4月下旬。薏苡的播种方式大多采用条播或穴播，尽量少用育苗移栽。所谓的育苗移栽，就是在定植前50天左右育苗，当苗高15cm，苗龄在30~40天时即可移栽定植。

3. 田间管理

（1）间苗定苗

薏苡幼苗长至 2~3 片真叶子时，要除草，排除病、弱苗，使株距保持在 6~8cm，苗高 20cm 左右时定苗，每亩定苗 1 万 ~2 万株为宜。

（2）中耕除草

分蘖前生长缓慢，要进行中耕除草，一般情况下，生长期中耕除草 2~4 次。第一次在小苗长至 2~3 片子叶时，在疏苗的同时，进行除草，但要避免伤到根部，中耕培土时要浅，不然分蘖节会上移，分蘖少且晚。第二次除草要在苗高 20cm 时进行，这个时期要定苗。最后一次中耕除草在苗高 80cm，即拔节分枝时进行。

（3）苗期追肥

薏苡在追肥时，氮肥比例要适中，否则成熟期延迟且影响产量。可分基肥、分蘖肥、穗肥三次进行追肥，一旦花期追肥不及时，会出现结实少、产量低。幼苗出土后施 1~2 次农家肥；每亩可施农家肥 200~300kg，或者施用混合化肥 20kg。第二次要在抽穗前施草木灰或过磷酸钙以及其他速效有机肥，这样可以保证植株能迅速地开花、灌浆。

（4）灌溉排水

薏苡喜生长在稍湿润的环境中，人工栽培时应该适时进行灌水来保湿，能够增加产量。尤其在拔节、抽穗期间，需水量大，结合施肥，能促进穗的分化和发育，提高产量。否则，穗数、粒分化得少而容易出现秕粒，产量降低。

（5）人工辅助授粉

薏苡是雌雄同株，但雌雄花开放时间不同，在自然条件的影响下，雌花可能不能完全授粉，导致产量降低，因此在花期时，要进行人工辅助授粉。在花期时，每 3~5 天进行 1 次，进行 2~3 次即可。

（6）收获留种

薏苡花期长，种子成熟不一致，收获过早，青秕粒多，产量不高；

若收获过晚则易脱落。基部叶片呈黄色，顶部稍稍绿色，大部分果实呈浅褐色或褐色，并且饱满时收获为宜。

薏苡的病虫害防治

黑穗病：可以对种子进行处理，基本上可以预防和防治虫害。如果发现病株立即将其拔除烧毁。

叶枯病：叶枯病是一种真菌病害，为害叶部，病叶先呈现淡黄色小病斑，最后枯死，雨季发病重。防治方法：（1）保持通风透光，可摘除无效蘖和老脚叶；（2）发病初期用65%可湿性代森锌500倍液喷雾防治，7~10天喷1次，连续喷施2~3次。

黏虫：黏虫幼虫为害叶片。发现后用90%的敌百虫1000倍液灌心叶，或用50%的乐果乳油800倍液喷杀。

第三章
特种经济作物生产技术

亚麻栽培技术

亚麻是一种天然植物纤维，有着一万年以上的历史。由于亚麻具有透气性良好、吸汗和对人体无害等特点，因此得到人们的重视。与此同时，亚麻属于油料作物，含有大量的不饱和脂肪酸，因此可以预防动脉粥样硬化和高脂血症。亚麻包括油纤兼用亚麻、油用亚麻和纤维用亚麻。其中油用型亚麻又名胡麻。在我国，胡麻有着一千年以上的栽培历史。

了解亚麻的生长习性

亚麻喜凉爽湿润气候。耐寒，忌高温。种子发芽最低温度为1~3℃；最适宜温度为20~25℃；营养生长适宜温度为11~18℃。土壤含水量达到田间最大持水量的70%~80%。生育期为70~80天。以土层深厚、疏松肥沃、排水良好的微酸性或中性土壤栽培最佳为宜，含盐量在0.2%以下的碱性土壤也能进行栽培。亚麻的合理轮作方式：（1）玉米—亚麻—大豆—高粱；（2）玉米—亚麻—甜菜—大豆—小麦；（3）小麦—亚麻—玉米—大豆—甜菜。

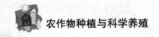

精选良种，因土施肥

由于亚麻的种子小，出土能力差，这就要求整地质量要好。翻、耙、耢和镇压几个环节联合作业，达到不漏耙、不拖堆、翻垡整齐严密，不重耕、不漏耕，地表平整，土质细碎的状态，最好是伏秋整地。想要保证高产，最好的措施就是施肥。亚麻施肥要求早施肥、施好肥。在施用有机肥的基础上，合理地采用测土配方施肥法，根据测定结果，确定氮、磷、钾及铜肥等微肥的比例，这样才能有显著的增产效果。根据实验表明，轻碱土以氮磷钾比为 1 : 3 : 1 的高磷配比，白浆土以 2 : 1 : 1 的高氮比和 1 : 1 : 2 的高钾比。水分足的地块不宜单施氮肥；豆茬、麦茬少施氮肥，肥沃的黑土和二洼地尽量不施氮肥，相对提高磷、钾肥的用量，既夺高产，又防倒伏。

适期播种，合理密植和灌水

首先要清选种子和进行发芽试验，要求种子的纯度在 98% 以上，净度在 98% 以上，发芽率达 95% 以上。然后选择药剂拌种，防除亚麻苗期的病虫害。想要获得全苗，要有适宜的温度以及土壤含水量为田间最大持水量的 70%~80%。目前亚麻种植多采用机械播种，播种深度以 2~4cm 为最佳，不能超过 5cm。利用小麦播种机同方向重复播种，即播两遍种。不要重复交叉播种，否则不利于收获。在我国，亚麻有效播种粒数为 1800~2000 粒 /m^2。适合的灌水方式为喷灌。

亚麻的收获与晾晒知识

人工收获：当麻桃有三分之一变成黄褐色，麻茎下部有三分之一变成了浅黄色，茎下部的叶片有三分之一脱落时，就可以进行拔麻了。拔麻时要拔净麻、挑净草、摔净土、墩齐根，用毛麻做绕捆成拳头大小把，麻绕捆在距离根部约二寸的地方。亚麻不整齐的地块要分级拔麻，分别捆成小把，摆成扇形，进行晾晒，当麻茎达到六七成干时，运回场院保存，堆成小圆垛，每垛 80~100 把，垛底要稳而正，上层麻的梢部搭在下层麻的分枝处，用次麻来封顶。

机械收获：选用俄制 NK-4A 型联合拔麻机，作业幅宽 1.5m，每小时拔麻 0.5~0.7 公顷；佳木斯收获机械厂研制的 4BM-1.5 型拔麻机每小时可拔麻 1~1.5 公顷，作业幅度 1.52m。

晾晒：一是不捆把晾晒，二是捆成小把晾晒，三是码成小圆垛晾晒，每垛 80~100 把。

场内保管：在田间晾晒六七成干后，将麻茎运回场内保管。一是堆成南北大垛，先用木方把垛底垫好，根部朝里，稍稍朝下，垛至 4~5 层，垛高 2~3m，用麻勾好垛心；二是堆成圆垛，用 50~60 把麻立在地上来搭垛底，麻根朝上，然后一层层朝上搭，搭成尖形垛，然后用塑造布或者草帘覆盖。

脱粒打捆：要抓紧时间进行脱粒，可以人工在木方或者木板上进行摔籽，不能用石滚，避免将麻茎折断、摔劈。在摔籽时，要双手紧紧握住其根部，避免麻散落在地，同时要确保麻籽摔净。脱完粒的麻茎分级打成 25~30kg 的大捆。亚麻脱粒后，要进行随脱、随筛、随入库，以免种子遇到雨水后发热、发霉、发烂，从而不能发芽。

亚麻的病虫害防治

整个生育期内，亚麻都有病虫害，要坚持以预防为主，综合防治的办法。在选用抗病品种时，实行轮作休耕的方式，加强肥水的管理。如果发生了病虫害，要及时进行防治，确保麻苗的健壮生长。亚麻的主要病虫害有：立枯病、枯萎病、白粉病、锈病、黏虫、蚜虫、小地老虎。可用多菌灵、百菌清按照比例兑水进行喷雾防治亚麻的枯萎病、立枯病；可用粉锈宁乳油按照比例兑水喷雾防治亚麻的白粉病、锈病；可用敌杀死或功夫乳油按照比例兑水喷雾防治黏虫、蚜虫；可选用菊酯类或有机磷杀虫剂或呋喃丹防治小地老虎。除草方法包括化学药剂和人工除草两种。

花生栽培技术

花生，民间称为"长生果"，是有名的"植物肉"。花生的营养价值可以与一些动物性食物相媲美。花生果实还含脂肪、糖类、维生素A、维生素B6、维生素E、维生素K，以及矿物质钙、磷、铁等营养成分，含有8种人体所需的氨基酸及不饱和脂肪酸，含卵磷脂、胆碱、胡萝卜素、粗纤维等物质。花生含有一般杂粮少有的胆碱、卵磷脂，可促进人体的新陈代谢、增强记忆力，可益智、抗衰老、延寿。花生榨出来的油品质好、气味清香，是我国主要的优质食用植物油，在医药上具有降低胆固醇、降血压等功效。

花生根系有根瘤菌与其共生，能将空气中分子态氮变为植物可用的氨态氮。在农业生产中，花生是一种很好的养地作物，具有培肥地力的作用。种植花生的结果为了提高产量和品质，就需要合理科学的施肥。花生需要氮素、磷素、钾素、钙素及各种微量元素，如铁、锰、硼、硫、钼元素。

花生对土壤的要求

花生是一种耐旱、耐瘠性强的农作物，在一般的土壤中也能生长，但是不会高产。想要让花生高产，最适宜的土壤就是沙壤或者轻壤土。

因为这样的土壤通透性好，具有一定的保水能力，可以较好地保证花生所需要的水、肥、气、热等条件。花生适宜的土壤 pH 为 6.5~7，pH 过高会影响其发芽。

为了创造良好的土壤环境，我们可以增施有机肥，深耕深翻加厚活土层，两者结合在一起，不仅增加了土壤的通透性，还能加速土壤风化，促使土壤中的微生物活动，让土壤中不能溶解的养分分解后供作物吸收利用。常年坚持深耕深翻，再配合有机肥料的施用，既可以蓄水保肥，又通气透水、抗旱、耐涝。当然，不要深翻太过，可每年递增 3~4cm，直到 33.3cm 为止，大过这个数值后就达不到高产的效果。如果沙下有淤的，可以翻淤压沙来进行土壤改良。为了达到花生的早开花早结果的目的，要及早进行冬耕，最好在封冻前进行冬灌，不仅可以增加底墒，防止春旱，还能杀死一些害虫和虫卵。

根据实验证明，重茬年限越长，减产幅度越大。这是因为花生根系中分泌的有机酸类积累过多，导致根系萎缩；花生中需要的多种元素在不断减少，影响了花生的正常生长；加重了病虫害的传播。上述三点就是重茬导致花生产量不高的原因。为此，我们要做到的就是合理轮作。用这样的措施改变土地的使用状况。根据各地实际情况，轮作方式可以是：花生—冬小麦—玉米—冬小麦—花生，油菜—花生—小麦—玉米—油菜—花生，小麦—花生—小麦—棉花—小麦—花生。

了解花生的施肥技术

根据花生需肥的特点（花生需要氮素、磷素、钾素、钙素及钼、铁、锰、硼等微量元素），应该以腐熟的有机肥料为主，化肥为辅；以基肥为主，追肥为辅（追肥以苗肥为主）；基肥占总化肥量的 70%~80%，其中氮、磷、钾按 1：1：2 的比例施用。如果基肥充足，幼苗生长健康，苗肥可以考虑不施或者少施。

选种、播种及田间管理

播前晒种。播种之前要选择粒大饱满的种子带壳晒 2 天，最好在土地上晒，以免高温损伤种子。播种时，一边播种，一边剥壳，避免过早剥壳导致种子吸水受潮、感染病毒。最好选择颗粒大小一致的种子进行播种，不要大小混合播种，避免大苗压小苗，影响产量的情况。同时在播种时，用0.3%的多菌灵和0.5%的菲酮等杀菌剂拌种，可以防止或减轻病害的发生。在适当的时期播种，可以充分地利用有效积温条件提高成果率；播种时要注意合理地密植，确定花生行、穴距的原则是既要充分利用地力光能，又要便于株间的通风透光。可采用挖穴点播、冲沟穴播或机械播种的方式。一般每穴播种深度以5cm为宜，行距在33~53cm为宜。

花生有较强的耐旱能力，对于水分的要求可以概括为"燥苗、湿花、润荚"。也就是幼苗和饱果期需水少，开花结果期需水多。花生以盛花期为需水的临界期，结荚期需水最多。

田间管理：根据花生不同生长发育阶段的特点和要求，采取有效对应措施，其中包括蹲苗、清棵、中耕除草培土等，这些措施可以保证花生有一个良好的生长环境，获得理想的产量。

蹲苗也叫炼苗，也就是指幼苗期控制水分，抑制地上部分的生长，促进根系下扎，以形成矮壮苗为主。一般情况下，蹲苗在幼苗长到4片真叶时进行，以干旱不影响正常生理活动为最佳。

清棵是在花生出苗后把周围的土扒开,让第一对侧枝直接接受光照与第二级分枝和基部花芽分化,提前开花结果。清棵一般在苗齐后进行,方法就是在齐苗后用小锄轻轻地犁一次,让叶子露出地面就行,不要伤害了子叶,在清棵半个月后,要及时地进行培土。

向日葵栽培技术

向日葵,向日葵属植物,在生长前期的幼株顶端和生长中期的幼嫩花盘,会随着太阳的转动而转动,这也是向日葵得名的原因。从生物学角度出发,从发芽到花盘盛开前的这段时间,其叶子和花盘追随太阳由东向西转,但并不是即时的跟随。植物学家经过测量,发现其花盘的指向落后太阳约12度,也就是48分钟。太阳落到地平线以下时,向日葵的花盘会逐渐朝反方向摆动,大概凌晨3点的时候,花盘又朝向东方,等待太阳重新升起。这就是昼夜节律。

这里还有一个关于向日葵的传说:我国古代有一个农民,他有一个名叫明姑的女儿,十分美丽,而且单纯善良,但后娘"女霸王"却容不下她,各种虐待她。某次,她顶了一下嘴,这让后娘十分生气,便用皮鞭鞭打她。这时,后娘的亲生女儿看不下去了,前来劝阻,却被娘误打了一下。后娘更生气了,夜晚趁明姑进入梦乡之际,挖掉了她的眼睛。明姑痛得受不了了,逃出了这个家,很快就死去了。死后,她的坟上开出了一朵绚丽夺目的黄色花朵,每天朝着太阳,这就是向日葵,代表着明姑向往着光明,讨厌黑暗。这个传说,不断激励着人们去追求光明,同黑暗做斗争。这就是向日葵繁衍到现在的原因。

向日葵的生长周期

向日葵从出苗到种子成熟要经过幼苗期、现蕾期、开花期和成熟期,生长期为85~120天。因品种、播期和栽培条件不同,生长期也不同。

幼苗期:从出苗到现蕾,一般需要35~50天,夏播28~35天。该阶段地上部生长迟缓,地下部根系生长较快,很快就形成了强大的根系,这是向日葵抗旱能力最强的阶段。

现蕾期：从现蕾（向日葵顶部出现直径1cm的星状体）到开花，一般需20天左右，是营养生长和生殖生长并进时期，也是需肥、水最多，生命最为旺盛的阶段。

开花期：田间有75%的植株舌状花开放，即进入开花期。这个阶段适时施肥、浇水，防治病虫害，以及采取放蜂或人工辅助授粉等措施，可提高结实率。

成熟期：从开花到成熟，春播25~55天，夏播25~40天。

向日葵的栽培技术

向日葵想要高产，可以按照下面几点去做。

1. 合理选地，及时播种

向日葵根和茎通气组织发达，非常能耐涝。栽培应选择平整、土壤黏性小、中等肥力、灌排方便的土地。以种子方式繁衍后代，播种时以泥炭土为宜。播种时间一般为3~4月，适宜温度为18~25℃。根据品种生育期进行春播或夏播。

2. 及早定苗，中耕除草

向日葵栽培要及早间苗，避免苗挤苗，影响以后的产量。同时，向日葵还要及早定苗，有利于培育壮苗和花盘的发育，定苗应在2对真叶时进行。向日葵一般中耕2~3次。第1次中耕在1~2对真叶时结合间苗定苗进行，第2次中耕在定苗后1周进行，第3次中耕在封垄前结合开沟、培土、施肥完成。

3. 合理追肥，及时灌水

向日葵喜肥，一般情况下，开沟追肥在第3次中耕时进行，主要施氮磷肥，有利于保证次生根的生长发育，防止倒伏，有效地防止子叶节以下基部分枝徒长。向日葵喜水，从播种到现蕾需要水量少，从现蕾到开花是需要水的高峰期，从开花到成熟期间，需要水量多，以沟灌方式为主。

4.合适温度，光照充足

向日葵对温度的适应性较强，种子耐低温能力很强。在整个生育过程中，只要温度不低于10℃，向日葵就能正常生长。向日葵喜欢充足的阳光，其幼苗、叶片和花盘都有很强的向光性。日照充足，幼苗健壮能防止徒长。生育中期日照充足，能促进茎叶生长旺盛，正常开花授粉，提高结实率。生育后期日照充足，籽粒充实饱满。

向日葵的几种价值

常吃的向日葵，不常知道的秘密。

1.食用价值。葵花籽含有蛋白质、脂肪以及多种维生素、叶酸、铁、钾、锌等人体必需的营养成分。

2.药用价值。向日葵种子、花盘、茎髓、叶、花、根等均可入药。向日葵种子，可以起到驱虫止痢和降脂作用；花盘可以清热化痰，凉血止血，对头痛、头晕等有效；茎髓为利尿消炎剂。叶与花瓣可清热解毒，还可作健胃剂。

3.净化价值。向日葵修复土壤的能力，几乎贯穿在它的整个生长过程中。当其扎根土壤，利用其根系吸收养分的同时，也是一个对有害污染物进行提取、降解、过滤、固定或者挥发的过程。除了对金属污染物较强的抵御能力，根部的富集作用是向日葵能够吸收有害污染物的主要原因。通过深入土壤的根部能将污染物吸收到向日葵的枝干内部，将重金属储存在其内部，实现了重金属物质"由下到上"的转移，降低了土壤中重金属的含量。

4. 经济价值。油用向日葵可用于榨油，有着重要的经济价值。向日葵油中含有亚油酸、胡萝卜素和维生素E，不含致癌物芥酸，是一种保健油，价值极高。向日葵榨油后的油饼可以作为动物饲料，已经被广泛地应用于家畜和禽类的养殖中。

大麻栽培技术

大麻，桑科大麻属植物，有雌、有雄。雄株叫枲，雌株叫苴。大麻的茎皮纤维长而坚韧，可用于织麻布或纺线，制绳索，编织渔网和造纸；种子可以榨油，含油量为30%，可供做油漆、涂料等，油渣可作饲料；中医将果实称为"火麻仁"或"大麻仁"，入药，性平，味甘，功能：润肠，主治大便燥结；花称"麻勃"，主治恶风，经闭，健忘；果壳和苞片称"麻蕡"，有毒，治劳伤，破积、散脓，多服令人发狂；叶含麻醉性树脂可以配制麻醉剂。

了解大麻的生长环境

大麻的种子适宜温度为25~30℃；幼苗期适宜生长温度10~15℃；成熟期18~20℃。开花期如遇-1~-2℃低温，花器则死亡，不能形成种子。它是一种喜光、短日照作物，晚熟品种对光照反应更为敏感。生产上，南种北栽有利增加纤维产量。

了解大麻的生长周期

中国种植的品种生育期一般为80~140天。依据大麻生育特点，可以划分为出苗期、幼苗生长期、快速生长期及成熟期。

出苗期：从播种至出苗，在适宜的田间条件下，一般为10天左右。

幼苗生长期：从出苗到第7~9对真叶展开为幼苗期，历时30~40天。

地上部生长较慢,根系发育则较快。

快速生长期:从幼苗生长期结束至开花始期,历时55天左右。麻茎快速伸长,是纤维产量形成的主要阶段。

成熟期:雄株从开花始期至终期,历时15~25天,是雄株的工艺成熟期,也称纤维积累成熟期。雌株从开花始期至种子成熟,历时30~40天,是雌株籽粒产量形成的关键时期;若作为纤维利用,以下部果实开始成熟时,即达工艺成熟期。

大麻的基本栽培技术

大麻作为纺织、造纸、建筑及工业原料等原料,其适应性广,在世界各地都可以栽培。想要得到高产,需要遵循以下原则。

1. 土地选择

种植大麻,首先应该避免容易积水的地段,山坡、台地或排水良好的土地为佳;土壤最好以土层深厚、保水保肥力强、土质疏松肥沃的沙质土壤为主。另外,纤维用型大麻可以选择阴面或多云地区;油用型大麻最好选择在阳面日照充足的地段。

2. 合理轮作

大麻属于既能轮作,也能连作的一种作物,连续种植不会影响产量和品质,但是要注意的是,需要保持土壤中有足够的营养成分供大麻吸收,否则会影响大麻的生长。既然大麻可以轮作,就代表它可以和当地主要作物进行轮换,比如与玉米、小麦、油菜、蔬菜、瓜类等作物轮作。大麻与如小麦、稻米、玉米、大麦、高粱等粮食作物轮作,最有利于病害的防治。

3. 施足基肥

种植大麻前,最好在深耕后施足以速效肥为主的底肥,并及时追肥,用来满足大麻生长发育需要。基肥一般用农家肥,在耕犁时施下。

4. 选择良种

选择种子时,首先要求充分成熟、饱满充实、大小均匀、色泽新鲜、发芽率高的。目前工业大麻种子有专门地方供应,种植户不用再为种子的选择而烦恼。

5. 适时播种

一般当土深 5~10cm,地温在 10℃ 左右即可播种。北方地区 4 月中旬到 5 月中旬。晋中盆地一般在每年清明——谷雨间播种。通常在雨水来临前 5~10 天进行播种,一般采用条播方式,深度为 4~5cm。土壤干燥时,深播浅盖。条播或者撒播最好用细土或细农家肥覆盖 2cm 左右为佳。

6. 间苗定苗

当大麻长出 2 对真叶后开始第一次间苗,等苗长到 10cm 左右进行第二次间苗,间苗以去两头、留中间的原则,做到苗均匀整齐。

7. 中耕除草

中耕主要是在苗进入快速生长期之前进行。必要时进行除草,保证苗均匀整齐。最后一次中耕要结合培土,尤其是南方,大麻进入快速生长期的时候已经接近雨季,要防止倒伏,培土尤为重要。

8. 追肥灌水

追肥、间苗和中耕三者结合进行,最后一次追肥要在快速生长期以前进行。追肥的时候要避免将肥料撒在叶面上,否则会发生烧苗现象。相对北方干旱地区,一般在出苗后一个月左右进行头灌,保证幼苗生长,最好采用土干浇灌的原则。干旱地区要 10 天左右浇灌一次,保证土壤保持一定的湿度。南方因为雨水过多,注意保持排水通畅。

大麻的病虫害防治

大麻小象甲:在成虫出土尚未产卵前,亩喷 2.5% 的敌百虫粉剂 1.5~2.5kg,有良好效果。

大麻跳甲:亩喷 2.5% 的敌百虫粉剂 1.5~2.5kg,对幼嫩叶片一定要喷撒周到,有良好杀虫效果。

大麻花蚤:可利用成虫聚集在伞形科植物胡萝卜、茴香等花上时期,亩喷 2.5% 的敌百虫粉剂 2kg。

黄麻夜蛾：在幼虫三龄前，用90%的敌百虫原药1000倍液喷雾；或亩用2.5%的敌百虫粉剂1.5~2kg，装在纱布袋中，吊在竹竿上，在早晨露水未干时，在麻园中边走边敲竹竿，使药粉撒在麻株顶端，杀幼虫效果很好。

小造桥虫（又叫红麻小造桥虫）：在幼虫三龄前用90%的敌百虫原药1000倍液喷雾，或亩喷2.5%的敌百虫粉剂1.5~2kg。对为害麻类的玉米螟，于幼虫盛孵时，亩喷2.5%的敌百虫粉剂2~3kg。大麻褐斑病：初发病时喷洒多菌灵、百菌清等杀菌剂2~3次，同时注意氮、磷、钾肥料的配合使用。

大麻白星病：摘除病叶烧毁；同时要注意排水，多喷一些杀菌剂。

胡麻栽培技术

胡麻，又名巨胜、方茎、油麻、脂麻，是一种油料作物，喜凉爽湿润的气候，在我国，主要分布在西藏、甘肃、宁夏、内蒙古等地方/省份。脂麻种子含油量为55%，除可食用外，又可榨油，及妇女涂头发之用，亦供药用，作软膏基础剂、黏滑剂、解毒剂。种子有黑白两种之分，黑者称黑脂麻，白者称白脂麻；黑脂麻为含有脂肪油类之缓和性滋养强壮剂，有滋润营养之功，对于高血压也有治疗的功效。

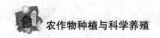

胡麻的基本栽培技术

胡麻需要一个良好的生长环境才能达到成熟,一般需要满足以下条件。

1. 适合温度,充足光照

胡麻最适温度为20~25℃,播种以深度为5cm,温度在7℃左右为佳。日平均气温20℃有利于幼苗生长,气温大于26℃或夜间低于14℃对幼苗生长不利。出苗到开花前,日均温度以11~18℃为佳。开花到成熟,温度以18~20℃为佳。同时,胡麻是长日照植物,在生长发育过程中,光照时间对植株的生长有着密切关系。

2. 充足水肥

胡麻是需水较多的作物,一般在发育出苗时,土壤含水量保持在15%左右为佳。同时在生长过程中,尤其是开花期需要吸收大量的磷,快速生长期和成熟期需要大量的钾肥。按照不同生长周期,施用不同的肥料,可以增加产量,提高品质。

胡麻高产栽培技术

想要胡麻高产稳产,可以按照下面的方式去操作。

1. 择优选地

种植胡麻的地方应选择在雨后不涝、旱而不干、保肥力强、无杂草之处。采取秋深耕、冬镇压、播后根据墒情进行砘压等蓄水保墒办法。

2. 合理轮作

胡麻必须实行轮作,才能减轻病害,增产增收。最好采用5年轮作制。其形式:豌豆—莜麦—马铃薯—绿肥—胡麻或玉米—谷子—高粱—春麦—胡麻。

3. 施足底肥

旱地种植胡麻必须在播种前重施底肥,拒绝白茬下种,做到氮磷配合,并采用集中沟施。

4. 药剂拌种

选择的种子纯度最好不低于97%,净度不低于98%,发芽率在95%

以上。为防治地下虫害，播种前要用异硫磷或辛硫磷乳油兑水拌种，按照一定的比例兑制，可以防治金针虫、蝼蛄、蛴螬；用五氯硝基苯或者多菌灵按照一定比例拌种，可以防治立枯病、炭疽病。

5. 适时播种

平川地区 4 月上旬播种，丘陵地区 4 月中下旬播种，一般在清明至谷雨期间播种最为可靠。所谓的旱播，是为了利用土壤解冻后的返浆水来提高出苗率，延长麻苗的生长，为后期开花结果创造良好的条件。现在流行的播种方式为耧播或机播，一般行距 19~22cm，播种深度 2~3cm，最好不要超过 3~4cm，否则会降低出苗率。

6. 中耕除草

在出苗到现蕾前 30 天内，地表未被覆盖，应抓紧时间中耕除草，防止杂草和幼苗争夺养分，最好用旱锄细锄的方式来进行除草，可在苗高 2 寸时进行第一次浅锄。

7. 追肥灌水

在苗高 10~12cm 时，开始追肥并及时灌水；苗高为 12~15cm，追第二次氮肥后轻浇水。

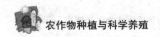

8. 及早收获

胡麻早收会增产大概5%，如果等到后期雨水多的时候，往往会出现返青现象，造成一定的减产。当大部分果实发白变黄，摇晃起来沙沙作响，少数籽粒带有沾感时即可收获，晒干入库。

胡麻栽培"新"模式

除了上述栽培方式以外，下面简述几种不同地域的不同栽培技术。

1. 地膜连用穴播

这是一种利用地膜覆盖的先进技术，达到减轻污染、提高抗寒能力、增加经济效益的一种栽培技术。这种技术采用的是改进过的小麦穴播机播种，选择分枝性强、抗病害、抗旱、抗寒强的品种，播种穴距11cm，行距18cm，一般下籽量8~10粒/穴，深度3cm最好。当出苗后及时观察，有错位苗的时候用铁丝钩等工具进行人工放苗。及时除草除病害。使用这种技术，为了发挥地膜的保墒蓄墒的作用，需要将地膜保护好，因为第二年由于地膜的存在，施肥较为困难，所以在前茬种玉米的时候应该多施农家肥，配合施用缓释肥。

2. 垄膜集雨沟播

这种技术采取垄上覆膜、沟内种植作物，形成沟、垄相间的作物种植方式，可以让少于10mm的自然降雨很快形成水流存入膜下作物的根部，增加雨水的使用率，达到节水增产的目的。这种技术在降雨量不同的地方有着一定的差异：降雨量为350~400mm的地方，要求垄上覆膜宽度60cm，种植沟宽度60cm，用80cm宽、0.008mm厚的薄膜覆盖；降雨量在400~450mm的地方，要求垄上覆膜宽度40cm，种植沟宽度60cm，用60cm宽、0.008mm厚的薄膜覆盖。种植沟距垄顶垂直高度15cm，播种深度3~4cm，采用专用机械覆膜和播种一次完成。播种后，出苗前如遇雨雪天气，及时破除土壤板结，保护出苗。

胡麻的病虫害防治

1. 小地老虎

消灭这种虫害应该采取农业防治和药剂防治相结合的措施。首先要除草灭卵，杂草是小地老虎早春产卵的主要场所，是幼虫向作物迁移为害的桥梁，因此要在春播前进行春耕、精细耙地、整地，清除田里和地边杂草，消灭大量卵和幼虫。可用50%辛硫磷乳油1000倍液或用菊酯类农药防治1~2龄幼虫。

2. 草地螟

防治办法是结合中耕除草进行灭卵。可以用75%的辛硫磷2000倍液或50%的杀螟松乳油2000倍液喷杀幼虫。当这种办法没有取得很好的效果时，应该人工挖防虫沟隔离，加以控制和捕杀。

红花栽培技术

红花，别名：红蓝花、刺红花，菊科、红花属植物。喜温暖、干燥气候，抗寒性强，耐贫瘠。抗旱怕涝，适宜在排水良好、中等肥沃的沙土壤上种植，以油沙土、紫色夹沙土最为适宜。发芽适温为15~25℃，发芽率为80%左右。适应性较强，生活周期为120天。其医用价值为活血通经，散瘀止痛，有助于治经闭、痛经、恶露、胸痹心痛、瘀滞腹痛、胸胁刺痛、跌打损伤、疮疡肿痛疗效。孕妇禁用，否则会造成流产。

红花的基本栽培技术

为了获得高产，对于红花的种植要求就很严格，可以从下面几点来实施。

1. 选地整地

虽然红花对土壤的要求不高，但为了稳产高产，必须选择土层深厚，土壤肥力均匀，排水良好的中、上等土壤。前茬以大豆、玉米为好。对于干旱地区，提高整地质量和增施底肥，要求翻耕深度20cm左右，在翻地前全部做基肥均匀撒施地面，然后深翻入土，耕地质量应不重不漏，深浅一致，翻扣严密，无犁沟犁梁，可采用秋灌、冬翻、春耙的整地方式。播前以30cm土层中含水量保持在12%为佳。

2. 适时播种

不同的地域播种时期都会有一定的差异，比如西北地区一般为3

月下旬到 5 月中旬。长江流域，春季为 2 月下旬到 4 月上旬，秋季为 10 月中旬。不管什么时候播种，基本上都是采用条播的方式。这种方式便于中耕除草、培土和灌水，还能增加单位面积中的苗数，达到增产的效果。当然在播种的时候，行距最好在 30~45cm，若需要采花作业，则每 4 行留出 65cm 的行道，播种深度不要超过 5cm。

3. 田间管理

种植红花出现 5 叶期间苗，8 叶期定苗。在其生长的过程中，视情况中耕除草 2~4 次，也可用除草剂灭草。播后遇雨及时破除板结，拔锄幼苗旁边杂草。第一次中耕要浅，深度 3~4cm，以后中耕逐渐加深到 10cm，中耕时防止压苗、伤苗。灌头水前中耕、锄草 2~3 次。春播红花一般中耕 3 次，第一次在莲座期，第 2 次在茎伸长期，第 3 次在封行前进行。在红花分枝阶段应结合中耕进行培土，防止倒伏现象的出现。要获得高产，除了播期施用基肥以外，还要在分枝初期追施一次尿素，增加植株花球数和种子千粒重。结合最后一次中耕开沟追肥，追肥后立即培土。一般情况下在红花出苗后 60 天左右灌头水，灌水方法采用小水慢灌，灌水要均匀。灌水后田内无积水。从分枝期开始灌头水，开花期和盛花期各灌一次水。红花生育期一般需灌水 3~4 次，灌水应确保不淹、不旱。

4. 适时收获

收获红花分两步：一是收花，在花冠裂片开放、雄蕊开始枯黄、花色鲜红、油润时开始收获，最好是每天清晨采摘，此时花冠不易破裂，苞片不刺手。特别注意的是：红花收花不能过早或过晚；若采收过早，花朵尚未受粉，颜色发黄；采收过晚，花变为紫黑色。这两种情况都不宜药用。二是收籽，当红花植株变黄，花球上只有少量绿苞叶，花球失水，种子变硬，并呈现品种固有色泽时，即可收获。一般采用普通谷物联合收割机收获。

红花的病虫害防治

1. 锈病

危害情况及症状：土壤和种子带菌、连作栽培、高湿等是导致该病害发生的主要原因。其危害是锈病孢子侵入幼苗的根部、根茎和嫩茎，形成束带，使幼苗缺水或折断，造成严重缺苗。当红花的叶子上出现了栗褐色的小疱疹，破裂后散出大量锈褐色粉末时，就要注意了，在发病初期用 0.2~0.3 波美度石硫合剂，或 20% 的三唑酮乳油 1500 倍液，或 15% 的三唑酮可湿性粉剂 800~1000 倍液防治。或者控制灌水，雨后及时排水，适当增施磷、钾肥，促使植株生长健壮，并在收获后及时清园，集中处理掉有病的植株。

2. 根腐病

由根腐病菌侵染，整个生育阶段均可能发生，尤其是幼苗期、开花期发病严重。发病后植株萎蔫，呈浅黄色，最后死亡。

防治方法：发现病株要及时拔除烧掉，防止传染给周围植株，在病株穴中撒一些生石灰或快喃丹，杀死根际线虫，用 50% 的托布津 1000 倍液浇灌病株。

3. 黑斑病

病原菌为半知菌，在 4~5 月发生，受害后叶片上呈椭圆形病斑，具同心轮纹。

防治方法：清除病枝残叶，集中销毁；与禾本科作物轮作；雨后及时开沟排水，降低土壤湿度。发病时可用 70% 的代森锰锌 600~800 倍液喷雾，每隔 7 天一次，连续 2~3 次。

4.炭疽病

为红花生产后期的病害，主要为害枝茎、花蕾茎部和总苞。

防治方法：选用抗病品种；与禾本科作物轮作；用 30% 的菲醌 25g 拌种 5kg，拌后播种；用 70% 的代森锰锌 600~800 倍液进行喷洒，每隔 10 天一次，连续 2~3 次。要注意排除积水，降低土壤湿度，抑制病原菌的传播。

5.钻心虫

对花序危害极大，一旦有虫钻进花序中，可致使花朵死亡，严重时会影响产量。

防治方法：在现蕾期应用甲胺磷叶面喷雾 2~3 次，把钻心虫杀死。在蚜虫发生期，用乐果 1000 倍喷雾 2~3 次，可杀死蚜虫。

苏子栽培技术

苏子分为紫苏和白苏，紫苏一般为药用，白苏既可以用来榨油，也可以食用，以种植白苏为多。

苏子的基本栽培技术

苏子在药用和食用价值上有着很大的市场，为此保证种植能高产，以下建议仅做参考。

1. 选地整地

苏子有着很强的适应性，耐瘠薄，选地势平坦杂草很少的壤土，精细耙糖，做到土壤细绵松软，无残茬土块等。整地时撒施腐熟农家肥和以磷钾肥为主的复合肥。以栽植面积确定做畦面积。为了节省种子，在播种时，必须开行距为 25cm 的小浅沟，沟要浅，盖土要薄，否则会阻碍苏子发芽出苗。

2. 选种播种

苏子品种主要有紫苏、白苏、黑苏等，以陇东地区为例，大多种植的是黑苏，而紫苏和白苏很少。苏子籽粒小，千粒重仅 3~4g，播种前对种子进行严格人工风选，选择出优良饱满的种子。苏子可在春季直播，也可育苗移栽。虽然说 3~6 月皆可播种，但还是越早越好，3 月底为最佳的播种时间。播种方式主要以条播和点播为主，行距为 45~50cm，深度不要超过 3~4cm，每个穴坑 3~4 粒种子，播种后及时盖土。

苏子育苗可在专用苗床或者空隙地间早播培育壮苗。选择育苗移栽的时候，苗龄最好以 25~30 天、高 15~20cm 的壮苗为移栽对象。在起苗前，首先要给苗床浇充足的水，起苗与移栽同时进行，注意不要伤到苗株的根部。可以选择在阴天或者傍晚时带土移栽。在栽植的位置按照株距 30cm、深 6~8cm 的标准挖坑，每个坑移栽 1 株，移栽后及时浇水追肥，促进正常发育。

3. 合理施肥

在贫瘠土壤上，播种之前必须施足底肥，包括农家肥、尿素、过磷酸钙、硫酸钾。尤其是在 7~8 月，这是苏子生长旺盛时期，应该及时合理地追肥。若想要促进早熟，提升干粒重，也可以在开花前和开花后喷洒 1~2 次叶面肥。

4. 及时除草

苏子播种后 10~15 天就会出苗。在幼苗期，苏子生长缓慢，过了幼苗期，生长速度就会慢慢加快。当叶子开始舒展时，就需要及时除去杂草。如果种植面积大，人工除草速度不快，可以使用除草剂。

5. 及时收获

苏子的收获期根据不同需要和采收苏子不同部位来确定。如果是整体做药材，就要在大暑至立秋之间，选择晴天收割，然后整株或分片晒干；如果是用来制苏梗片，就要在白露后收割，切成均匀的斜片晒干。采收种子时，时间要严格掌握，一般在茎干变黄，大部分叶子脱落，花冠萼筒变黄干缩后，立即开始收获，收获期尽量缩短。并且要轻割轻放，在晒干场晒 3~4 天后自动脱粒，再进行清理。

苏子的病虫害防治

苏子的病害主要有白粉病、锈病及褐斑病等，可以使用甲基托布津或者波尔多液喷洒防治。对于卷叶蛾、黏虫、金龟子等害虫，可以用敌杀死或者辛硫磷乳油按照一定比例兑水喷洒防治。

了解苏子的配伍效用

苏子配伍陈皮：二者皆能理气化痰、止咳定喘，但苏子质润，长于降气消痰，能温中降逆；陈皮性燥，长于理气化痰，能理气和胃。二者合用，燥润并施，能和胃降逆、降气定喘、化痰止咳。

苏子配伍杏仁：苏子辛温，利膈下气，消痰、润肺平喘；杏仁苦温，降肺气，以化痰止咳平喘。两者合用，降气化痰、止咳平喘的功效则更加显著；能润肠通便；用于治疗外感风寒、痰涎壅肺、肺气上逆之胸膈满闷、咳嗽气喘以及伴有大便不通者。

苏子在各国的食用价值

1. 中国。至今，紫苏在中国已经有2000多年的历史了。中国人用紫苏烹制各种菜肴，常佐鱼蟹食用，烹制的菜肴包括紫苏干烧鱼、紫苏鸭、紫苏炒田螺、苏盐贴饼、紫苏百合炒羊肉、铜盆紫苏蒸乳羊等。

2. 日本。紫苏大受日本人欢迎，是代表性的风味调料之一。日本紫苏是绿色的，被称为"青紫苏"。日本最主要的品种是荏胡麻、皱紫苏和红紫苏。

苏子的主要工业用途

苏子油是一种重要的工业原料，可用来制作雨伞、雨衣、油漆、油墨等。苏子饼渣是家畜的好饲料，也是很好的有机肥料。

第四章
瓜果蔬菜作物高效种植

瓜类蔬菜

瓜类蔬菜有冬瓜、黄瓜、金瓜、丝瓜、佛手瓜、南瓜、苦瓜、西瓜等。是春末至秋季的主要蔬菜之一。瓜类蔬菜种类繁多，风味独特，有着丰富的营养，富含蛋白质、维生素、糖类、脂肪以及矿物质等。它们都具有高钾低钠的特点，有降血压、护血管的作用。同时它们拥有丰富的含水量，500g的瓜菜含水量相当于450ml高质量的水。

了解瓜类的营养价值

不同的瓜，有着不一样的营养价值，它们体现的方式大致相同。

1. 南瓜。南瓜又名麦瓜、番瓜、倭瓜、金冬瓜。南瓜中含有丰富的果胶，有抗环境毒物之功效，对消化道溃疡病患者有显著疗效。其中含有的元素钴，能促进人体的新陈代谢，促进造血功能，对防治糖尿病、降低血糖有特殊的疗效。同时还有防癌功效，增强肝、肾细胞的再生能力。

2. 冬瓜。冬瓜如枕，又叫枕瓜，主要产于夏季。冬瓜含维生素C

较多,钾盐含量高,钠盐含量较低,高血压、肾脏病和水肿病等患者食之,可达到消肿而不伤正气的作用;冬瓜本身不含脂肪,能量低,还能有效地抑制糖类转化为脂肪。这对防止人体发胖具有重要意义的同时,还有助于体型健美。

3. 丝瓜。丝瓜又称吊瓜,丝瓜中维生素含量较高,可用于抵抗坏血病及预防各种维生素 C 缺乏症,有利于大脑的发育,其中的汁液还可以美容去皱。

4. 黄瓜。黄瓜是一种好吃又有营养的蔬菜。口感上,黄瓜肉质脆嫩、汁多味甘、芳香可口;营养上,它含有蛋白质、脂肪、糖类、多种维生素、纤维素以及钙、磷、铁、钾、钠、镁等成分。黄瓜能抗肿瘤、抗衰老,促进机体的新陈代谢,对改善大脑和神经系统功能有利,能起到安神定志的作用。

瓜类蔬菜的栽培技术

不同的瓜类有着不同的栽培技术,根据当地的条件和自然环境适当做出调整。

1. 播种时间

瓜类蔬菜大概分为喜热和喜寒两种。喜热的蔬菜最佳的播种时期是在清明节前后。当然，根据当地的自然条件和农业习惯去播种就可以。喜寒的蔬菜往往具有一定的抗寒能力。

2. 繁育幼苗

冬春季节正值寒冷之际，瓜类蔬菜育苗需要在大棚内进行。想要繁育优质壮苗，就需要对大棚进行管理，科学调整棚内温度、湿度等。

（1）温度管理

苗床的温度是影响出苗的主要原因，土温过低，容易出现烂籽等现象。为了保证苗床的温度，可以采用酿热温床、电热温床，或进行临时加温等措施，使气温、地温保持在最适温度范围 25~30℃，此期主要是促进出苗，管理上是以保温、增温为原则，一般不进行通风。在这样的条件下，一般 3~5 天就可以出苗了。

当幼苗出齐后要及时通风降温、降湿，白天要维持在 25℃ 左右，夜间为 15℃。在第 1 片真叶展开后，可适当降低夜间温度 1~2℃，形成较大的昼夜温差，促进幼苗粗壮和雌花分化，防止胚轴过度伸长。

（2）水分管理

播种前底水要浇足，来满足出苗和幼苗前期所需要的水分。在育苗期间，尽量少浇水或者不浇水。在育苗中后期，原则是"阴天不浇，晴天浇，下午不浇，上午浇"。通常情况下，不要喷灌，避免地温降低，造成幼苗徒长。

（3）光照管理

在育苗期间，一定要给予充足的光照，这有利于培育壮苗。因此在管理上，多使幼苗接受光照。甚至可以在大棚中采取补光或者张挂反光膜等措施来辅助幼苗的成长。

（4）中耕与追肥

当土壤发生板结或者为了提高苗床的地温时可进行松土。破土深

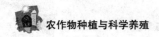

度以不伤根为原则。松土可在幼苗出齐后、2片子叶展平和2片真叶时各进行1次。为促进幼苗正常生长，可根据幼苗生长状况和育苗床的肥力进行叶面施肥。叶面肥主要是用0.2%的尿素和0.3%的磷酸二氢钾或其他营养型叶面肥。

3.植株调整

不同的瓜类有着不同的茬口，其中又分为支架或者吊蔓栽培、匍匐栽培。

（1）冬瓜

用细竹竿在植株两侧各插一根，将顶端绑成人字形，再用一根细竹竿把架连在一起，将冬瓜长出来的茎蔓绕着架杆绑住，龙头排列在南高北低的一条斜线上。每株冬瓜只留主蔓，其他侧枝及时剪掉。

（2）黄瓜

当黄瓜展开5~6片后，需要用塑料绳吊蔓。也就是塑料绳一端拴在钢架温室的拱杆上，下端拴在黄瓜秧的基部；竹木结构的温室，需要在屋顶南北拉一道细铁丝，把塑料绳上端拴在细铁丝上。随着黄瓜藤蔓的伸长，要随时调节高度，使龙头排列在南低北高的一条斜线上，同时把雄花和老龄叶摘除。日光温室冬春茬黄瓜生育期长，不宜摘心，其他茬口的黄瓜，可在25片叶时摘心，促进结回头瓜。

（3）西瓜

每株西瓜留一条主蔓和一条侧蔓，其余侧蔓全部及时摘除。西瓜均不立支架，匍匐生长。每株西瓜留两条蔓，向同一方向延伸。调整好茎蔓的距离，大、中棚西瓜不用压蔓；双膜覆盖西瓜，为防被风吹翻茎蔓，需要用湿土压蔓。

茄果类蔬菜

茄果类蔬菜主要包括西红柿（番茄）、茄子和辣椒，具有产量高、生长及供应季节长、栽培普通、在果类蔬菜中所占比重大的特点。茄果

第四章 瓜果蔬菜作物高效种植

类蔬菜中含有大量人体所必需的碳水化合物、有机酸、维生素、矿物质以及少量的蛋白质。

茄果类蔬菜的栽培技术

茄果类蔬菜想要高产稳产，可以根据以下建议进行：

1. 品种选择

茄果类蔬菜一般在春前或者秋后进行栽培，也可以通过遮阳网进行越夏栽培，可以根据栽培模式选择相应的品种。比如就番茄来说，石家庄农博士科技开发有限公司：农博粉3号、农博粉5号、农博粉帝、农博粉钻、农博粉1026、农博红冠；中国农业科学院：中蔬4号、中蔬5号、中杂9号、中杂101等；东北农业大学：东农704、东农706、东农712等。茄子的品种也有很多，通过省级审定的品种超过50多个，其中包括湘茄一号、渝早茄1号、紫荣2号、闽茄一号、引茄1号、鄂茄一号等。辣椒的品种也有很多，如条椒王等川椒系列辣椒。

2. 种子消毒

播种前，对种子进行温汤消毒或药剂消毒。之所以给种子消毒，是为了杀灭或减少附着在种子表面及潜伏在种子内部的病菌，减少种传病害。比如温汤消毒，简单地说，就是先将种子放进低温水中浸泡20小时以上，以便激活附着的病菌。然后再放进40℃以上的温水中浸泡半个小时左右，期间要不断地搅拌，以便让种子均匀受热。这样的做法能很好地达到杀菌效果。而药剂消毒的选择就很多了，比如多菌灵、代森铵、磷酸三钠、高锰酸钾液等溶液。

3. 适时播种

根据栽培季节、育苗手段和壮苗指标确定适宜的播种期。春夏栽培宜在10月至第二年3月播种育苗；秋季栽培宜在6~7月播种育苗。春季育苗要注意保温，秋季育苗注意遮阴避雨，培育适龄壮苗。

4. 壮苗标准

番茄：冬季大棚育苗苗龄在70~80天，夏秋季苗龄30天左右。株高9~13cm，茎粗0.6~0.9cm，叶片7~8片，叶色深绿带紫，叶片肥厚；植株无病虫害，无机械损伤。

茄子：冬季大棚育苗苗龄在90天左右，夏秋季苗龄30天左右，株高11~16cm；7~8片真叶，叶片大而厚，叶色浓绿带紫；植株无病虫害，无机械损伤。

辣椒：冬季大棚育苗苗龄85天左右，株高16cm左右，茎粗0.5cm以上，8~10片真叶，叶色浓绿，无病虫害和机械损伤。

5. 实行轮作

蔬菜不能连作，提倡轮作。与非茄科蔬菜至少3种作物实行3~5年轮作。前茬为各种叶菜、根菜、葱蒜类蔬菜，后茬也可以是各种短秆作物或绿叶蔬菜间进行套种，如毛豆、甘蓝、茴香、葱、蒜等隔畦间作。

6. 定植管理

（1）前茬作物收获后，及时深耕，利用冬季低温或者夏季高温的特点，减少土传病害的危险。

（2）采用深沟、高垄栽培方式，及时排除雨水，防止积水情况的产生。合理密植，保持良好的通风透光条件。

（3）底肥最好是有机肥和复合肥搭配，堆肥场容积应满足本基地蔬菜生产的需要。人畜粪尿一定要充分腐熟后才能使用。

（4）当果实挂稳后，应该及时加强肥水管理。追肥以复合肥为主，不能偏施氮肥，适当增施磷钾肥，盛果期视长势叶面追施0.2%~0.3%的磷酸二氢钾。注意，浇灌蔬菜的水一定是清洁水，生活污水不能用于浇灌。

（5）及时清除枯枝败叶、病株病叶，带出菜园后集中销毁。如果没有覆盖地膜，及时中耕除草。同时要及时扦杆，防止植株倒伏。

茄果类营养土的配制

营养土是熟土加腐熟厩肥的简称。熟土是蔬菜地的耕作层土壤（疏松而肥沃），厩肥是猪、牛、羊、鸡、鸭等畜禽的粪便，配制比例是熟土和厩肥7∶3。

1. 熟土：要求在8~9月份高温、干燥季节，预先把菜园土摊放在水泥场上晒干、粉碎后储存在室内待用。

2. 厩肥：应达到充分腐熟（堆肥一年以上）。目前厩肥较少，可用商品有机肥替代，如汇仁、雨田等是最佳原料。

3. 配制营养土不可加入纯氮肥，应当加入磷钾肥，对培育壮苗大有好处。

茄果类营养钵搭秧

1. 营养钵的制作：用塑料钵装满营养土，排列在苗床内，密度3~4cm一个。

2. 搭秧：当番茄幼苗长出第一片真叶后就可搭秧。茄子、辣椒长出两片真叶后搭秧。选择晴好天气，于上午10时至下午3时进行。拔苗前先浇水，少伤根。拔苗后及时搭秧，浇上搭根水，及时用小环棚薄膜覆盖封棚。晚上加盖草帘，白天揭除，活棵后通风换气炼苗。

茄果类的病虫害防治

1. 病害类型及处理办法

主要有青枯病、黄萎病、病毒病、疫病、炭疽病、疮痂病等。青

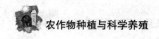

枯病发病后应及时拔除中心病株，在穴内撒石灰消毒，用农用链霉素灌根，每5~7天1次，连续2~3次。茄子黄萎病又称"半边疯"，对发病株及周围健康株用多菌灵、甲基托布津等农药灌根，对其他的则采用喷淋方式预防。疫病、疮痂病、炭疽病等，可用瑞毒霉、百菌清、克露等农药进行防治。

2. 害虫类型及防治措施

主要有蚜虫、烟青虫、斜纹夜蛾、二十八星瓢虫等，可用乐果、虫螨克、顺反氯氰菊酯、阿维菌素、甲维盐、乐斯本等农药防治。

常见绿叶菜

绿叶菜是一类有着鲜嫩的绿叶、嫩茎和叶柄的速生蔬菜。北方地区常见的绿叶菜有芹菜、茴香、油菜、莴苣、菠菜、苋菜、茼蒿、叶慕菜、芫荽、蕹菜等。而在南方比较普遍的是落葵、番杏等。绿叶菜的种类很多，在这里没有办法一一说明，只能简单列举几个常见的菜品加以说明。

芹菜的基本栽培技术

芹菜，是中国人常吃的一种蔬菜，富含蛋白质、碳水化合物、胡萝卜素、B族维生素、钙、磷、铁、钠等，同时，具有平肝清热、祛风利湿、除烦消肿、凉血止血、解毒宣肺、健胃利血、清肠利便、润肺止咳、降低血压、健脑镇静的功效。

1. 品种选择

为了达到高产稳产的效果，在品种选择上尽量选择高产、抗病以及抗虫性能强的。在播种前进行筛选，以提升种子的纯净度，筛选过后应晾晒一天，达到去潮晒干的效果。

2. 播种育苗

芹菜最适春秋两季栽培，而以秋栽为主，因幼苗对不良环境有一定的适应能力，将生长盛期安排在冷凉季节就能获得丰收。由于芹菜喜冷凉，高温季节播种需低温催芽，先用清水浸种12小时，然后将种子用湿纱布包裹，置于冰箱的冷藏室内，5~10℃下处理3~5天，每天冲洗1次。等约30%的种子出芽时即可播种。幼苗出齐后早盖晚揭遮阳网或芦帘。移苗时注意先移大苗，后移小苗。芹菜幼苗生长缓慢，要及时拔除杂草，防止草害。

3. 定植施肥

定植前清理前茬杂物，温室定植期为3月中下旬，大棚定植期为4月中下旬。施肥以基肥为主，有机肥和叶菜类专用复混肥为辅，芹菜对土壤湿度要求很高，应经常浇水，保持土壤湿润。为提高产量和改善品质，在采收前30天和15天左右对叶面各喷施1次赤霉素，浓度为10mg/kg，并结合水肥。

4. 及时采收

在花薹长出之前采收，或者采用劈叶收获法，皆可减轻先期抽薹的不利。北方地区到了4月后，温度会上升，日照时间变长，这个时候，芹菜开始抽薹，所以一定要在4月上旬完成采收。

5. 病虫害防治

（1）软腐病

发病初期，患病部位会有水渍状的斑点出现，形成不规则向内凹陷的病斑或者褐色的淡褐色纺锤形，然后呈现湿腐状，病斑慢慢变黑，发出臭味，然后腐烂。

防治方法：发病初期，可以选择使用72%的农用硫酸链霉素可溶性粉剂，50%的琥胶肥酸铜可湿性粉剂500~600倍液，14%的络氨铜水剂350倍液，新植霉素3000~4000倍液中的一种，每隔十天喷施一次，连续使用3~5次，就有了明显的效果。

（2）斑点病

发病初期，黄褐色水渍状的圆斑点会出现在叶子上，然后会慢慢变大，患病茎秆易断。当田间过于潮湿时，病斑表面上会覆盖一层灰色的霉菌层。严重的话，甚至会导致整个叶片干枯，植株死亡。

防治方法：可以选择使用50%的异菌脲可湿性粉剂600~800倍液或50%的灭霉威可湿性粉剂500~600倍液、50%的多菌灵可湿性粉剂500倍液、75%的百菌清可湿性粉剂500~600倍液、76%的灰霉特可湿性粉剂500~600倍液，隔7天喷1次，连喷2~3次。

落葵的基本栽培技术

中国南北各地多有种植。叶含有多种维生素和钙、铁，既可食用，也具有一定的观赏性。可作缓泻剂，有散热、滑肠、利大小便的功效；花汁具有清血解毒作用，对痘痘有一定的功效；外敷能治疗痈毒及乳头破裂。而果汁能做健康食品的着色剂。

1. 繁殖方法

落葵既可以扦插繁殖，也可以用种子繁殖。以撒播或者条播方式进行畦作栽培，通常情况下，20℃以上的环境温度就能够进行播种了。因为落葵的种壳很厚很硬，不易裂开，因此在播种前先浸种催芽。将种子放在50℃的水中浸泡30分钟，并予以搅拌，然后将种子放在28~30℃的温水中浸泡4~6小时，洗净后放在30℃条件下保湿，进行催芽。当种子露白时，就可以进行播种。在播种后约50天就可以采收了。

2. 田间管理

出苗后，要及时松土和间苗，干旱时适量浇水。出苗后，保持床土湿润，白天温度 20℃以上，夜间不低于 15℃。当幼苗长到 3 片真叶，高 8~10cm 时即可定植。定植缓苗后，则应追肥浇水，采收前两周追 1 次肥，以后则每采收 1 次追 1 次肥水，同时还要及时清除杂草。

3. 及时采收

当落葵的株高在 20~25cm 时进行采摘，以采收嫩茎叶为主，留下茎基部 3 片叶，来促进腋芽发新梢。采摘时，应该选择无露珠时进行，如果将要下雨，可以在之前采摘。在气温高于 25℃时，每隔 10~15 天采摘一次，或者每次采摘大茎叶，留下小茎叶，来实现连续采收。

4. 病虫害防治

落葵紫斑病：紫色的圆形黄褐斑会出现在病叶的边缘，病斑中间会凹陷，容易穿孔，如同蛇的眼睛。严重时，紫斑会遍布叶片。防治方法：增强田间管理，及时防渍排涝；喷施 50% 速克灵可湿性粉剂 1800 倍液或喷施 75% 百菌清可湿性粉剂 800 倍液；可增施磷、钾肥来提高植株的抗病性。

落葵的害虫，主要为蛴螬和蚜虫。①防治蚜虫。可采用乐果喷雾、用涂有机油的黄色药板来诱杀，或者挂银灰塑料膜驱蚜虫。②防治蛴螬。应深翻土地，来减少越冬虫量，同时，还必须施腐熟粗肥。

豆类蔬菜

对于人体来说，豆类蔬菜是一种至关重要的食物，又美味又健康。食用豆科中的嫩豆粒或者嫩豆荚的豆类蔬菜，主要包括菜豆、豇豆、毛豆、豌豆、蚕豆、扁豆、刀豆、四棱豆等。在这里简单介绍几种常见豆类的栽培技术。

菜豆的基本栽培技术

菜豆又名玉豆、四季豆、龙芽豆等，是一年生豆科植物。

1. 品种介绍

菜豆有蔓生（架豆）和矮生（芸豆）两种。

（1）蔓生品种

蔓生品种，又名架豆。顶芽为叶芽，主蔓高200~300cm。叶腋间伸出花序或枝，持续结果。生长期长，生育期为90~130天，成熟晚，采收期长，产量高，品质好。包括12号玉豆、双青玉豆、35号玉豆以及九粒白等优质品种。

（2）矮生品种

矮生品种又叫芸豆。植株矮生直立。分枝性强，每个侧枝顶芽都有一个花序。株高50cm，生长期短，全生育期为75~90天，果荚成熟集中，产量低，品质较差。品种有美国矮生菜豆、嫩荚菜豆等。

2. 栽培技术

（1）适时播种

菜豆应选择肥沃、排水良好，二年未种过豆科作物的壤土或沙壤土，其中土壤pH酸碱度以6.2~7为宜。春播在1~2月，秋播以9~10月播种为宜。

（2）田间管理

由于春播较早，受低温湿冷天气的影响，可能会造成烂种或死苗，所以要及时采取防寒措施。建议选择一些耐寒性强的品种，如12号玉豆。春播菜豆由于前期低温，雨水多，要施足基肥，以大量的土杂肥和少量的复合肥为主。播种后一个月左右应及时追肥，施入复合肥和尿素，促进植株生长。秋植菜豆生长期短，开花结荚期比较集中，需肥量大，要施足基肥。

开花结荚后，要加重追肥，以复合肥、过磷酸钙、氯化钾为主，7天施肥一次。在采收盛期以2%的过磷酸钙或0.5%的尿素为追肥喷洒叶面，可减少落花落荚。菜豆开花结荚盛期，应及时采收嫩荚，以减少植株的营养负担。

3.病虫害防治

病害：菜豆的病害主要有锈病、炭疽病等。

防治方法：锈病在发病初期，以25%的百科乳油1500倍，50%的胶体硫100~150倍开始每隔10天施药一次，连续2~3次。炭疽病在发病初期以多菌灵粉剂500倍，50%的代森锰锌500~600倍，每隔7~10天喷施1次，连续3~4次。

虫害：菜豆的虫害主要是螨类、豆类螟及美洲斑潜蝇。

防治方法：800倍克螨特，5%的尼索郎乳油1500倍，500倍复方菜虫菌粉剂，300倍BT乳剂，1500倍抑太保乳油，40%的七星宝乳油600~800倍，18%的杀虫双水剂400倍，50%的辛硫磷乳油1000倍来防治虫害。

豇豆的基本栽培技术

豇豆亦称豆角，耐热性强，植株生长的适宜温度为15~30℃，是春、夏、秋季的重要蔬菜之一，尤其是7~9月淡季供应时。

1.品种介绍

（1）青豆：豆荚青绿色，荚长40~60cm。早熟品种有铁线青、新青等，迟熟的品种有齐尾青、香港青等。

（2）白豆：荚青白色，味甜，荚长25~70cm。主要品种有金山白豆、夏宝白豆、春燕白玉、蛇豆、猪肠豆等品种。

2.主要栽培技术

（1）整地播种

豇豆怕涝，应选择地势较高、排水良好，未种过豆科物的中性的壤土或沙质壤土的田块种植，在整地时应起深沟高畦，畦土要深翻晒白，以深锄一尺为宜。豇豆一般采用直播的播种方法，若有条件的可采取育苗移植的方法。

（2）合理密植

合理密植是豇豆获得高产的重要因素之一。青豇豆一般叶片较细，分枝少，播种可密些；白豇豆叶片较大，分枝较多，播种时应适当疏些。

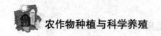

（3）合理施肥

前期施足基肥特别是磷钾肥，豇豆开花结荚期要消耗大量养分，对肥水要求较高，应浇足水，及时施重肥，每亩追施复合肥 30kg，过磷酸钙 10kg，氯化钾 5kg，等到豆荚生长盛期后，应再追施一次磷肥。

（4）及时插竹、引蔓、整枝

当幼苗开始抽蔓时应搭架引蔓，一般在晴天的上午进行引蔓，按反时针方向将豆藤绕在篱竹上，摘除主蔓第一花序以下侧枝的同时，为了不影响通风透光，适当地摘除老叶、病叶，以免病害发生。

3.病虫害防治

病害主要是锈病、菌核病、枯萎病、煤霉病；虫害主要是豆荚螟、螨类及美洲斑潜蝇。

豌豆的基本栽培技术

豌豆又名荷兰豆，为一年生作物，喜欢冷凉天气，生育适温为 9~23℃。

1.品种介绍

豌豆按茎的生长习性可分为三类：矮生、半蔓生和蔓生；而按用途则可分为嫩荚类型、粒用类型和叶用类型。其中包括食荚大菜豌 1 号、台中 11 号、红花豌豆（麦豆）、豌豆苗（龙须菜）等优质品种。

2.栽培技术

（1）选地整地

豌豆忌与其他豆科作物连作，也忌酸性土壤。耕地时需将土壤深翻一尺左右，土壤晒白。

（2）适时播种

豌豆耐寒不耐热。一般在 10 月下旬到 11 月上旬较为适宜，由于反季节蔬菜的生产，播种期提前到 7~8 月。

（3）肥水管理

豌豆前期由于根系发达，根瘤较多，不需要太多的氮肥。播种时用土杂肥和过磷酸钙混合作为基肥。开花结荚盛期需肥量较大，应适当补充氮肥，同时追加复合肥和尿素，以提高豌豆植株的结荚率。豌豆较耐旱而忌涝，做好排水工作。

葱蒜类蔬菜

葱蒜类蔬菜，因为具有特殊的辛辣气味，又称辛类蔬菜。这类蔬菜富含糖分、维生素C以及硫、磷、铁等矿物质，并含有杀菌物质（硫化丙烯）。常见栽培种类有韭菜、大葱、大蒜、洋葱、胡葱等。下面简单介绍几种常见的品种栽培技术。

韭菜的基本栽培技术

韭菜，是大多数人的最爱，也是吃烧烤必点食物之一，之所以受欢迎，是因为它具有补肾、健胃、提神、止汗固涩等功效。因此，它又被称为懒人菜、起阳草、壮阳草。

1. 韭菜的生长习性

韭菜属于百合科多年生宿根蔬菜，适应性强，抗寒耐热，中国各地都有栽培。它喜冷凉，耐寒也耐热，种子发芽适温为12℃以上，生长温度为16~27℃，它一般需要中等光照强度。光照太弱，产量低；光照太强，品质差。最适合韭菜生长的土壤湿度为田间最大持水量的80%~90%，其需肥量大，耐肥能力强，适宜pH为5.5~6.5的土壤。

2. 栽培技术

（1）整地施肥

选择近几年没有种过葱蒜类蔬菜的沙壤土或黏壤土，冬前深耕，浇冻水，第二年春天顶凌耙耕以保墒。每亩施腐熟农家肥$6m^3$。

（2）适时播种

因为韭菜生长缓慢，应在3月底到4月底播种，将种子浸泡催芽后采用湿播法在苗田中撒播，分两次覆土，覆土后盖层地膜，有利于增温保墒，出苗后揭去地膜。

（3）合理定植

6月下旬至7月上旬移栽。定植前将须根末端剪掉，齐鳞茎理成小把。平畦穴栽，行距13~20cm，穴距10~15cm，每穴6~8株为宜。栽植时，以不埋没叶鞘为宜，栽植后踏实，及时浇水。

（4）田间管理

当韭菜出现新叶时应浇缓苗水，并中耕保墒。入秋后，要充分供应肥水，这是因为韭菜正值生长旺期。霜冻后转入拱棚管理。在上冻前搭好拱棚，严霜前割一刀后扣膜。然后锄松畦面，晾晒5天左右，铺施腐熟圈肥，沟施尿素和磷钾肥。最后在韭菜棚四周挖防寒沟，沟中填满碎玉米秸或麦秸。麦糠等作隔热层，上面用土盖好、压实。生长期间，棚温白天保持15~20℃，夜间5~7℃。严寒期，盖严棚膜，封住灌水口。扣棚50~60天后即可开始收割。一般收割三次后，就能转入露地栽培了。

3. 病虫害防治

韭菜的主要害虫是韭蛆。幼虫，通过浇灌的方式，用2%的甲基阿维菌素乳油500mL稀释成1000倍液来防治；成虫，选择在晴天的上午，

第四章 瓜果蔬菜作物高效种植

通过喷洒 2.5% 的溴氰菊酯乳油 2000 倍液来防治。

韭菜的病害主要有灰霉病、疫病。灰霉病防治可以采用增加有机肥，雨后及时排水，及时去除老叶病苗的方式来解决。疫病则需要在病害发病初期，阴天的时间，喷施高效、低毒、低残留的新型杀菌剂，如 50% 的灰核威 1000 倍液或 40% 的菌核净 2000 倍液。

大葱的基本栽培技术

大葱在北方极为普遍，除了冬季食用干葱外，春、夏、秋三季都可以生产青葱，产品可达到周年供应。

1. 选择种子

播种前选种，并做好种子消毒、浸种催芽等工作。播种前 2 天将葱籽放进 55℃ 的热水中浸泡 30 分钟后，加入冷水搅拌，等温度降下来后继续浸泡 12 小时，然后将葱籽捞出和湿细沙土搅拌均匀放到发芽盘中，并盖上湿纱布，放在 30℃ 左右的温室中催芽。质量好的种子一般会在催芽一天后，露出全部白色的内芽或者白点，这就是最好的播种时间。

2. 盖膜育苗

冬葱培育壮苗有春播和秋播两种。如果到了 10 月下旬以后，秋播就会出现大面积的幼苗被冻死的现象，最好的播种时间在 9 月底 10 月初。春播应该在 3 月中下旬为佳。春播可以采用座底水覆掩土的播种方法，保证白天苗床温度稳定在 20~25℃，这样出苗率可达 90% 以上。为了防止烧苗，在齐苗后用竹竿把地膜支起，上午支起，下午将地膜盖严，通常覆盖 15~20 天后，保苗效果很好。当然，盖膜不揭会烧死葱苗。

3. 合理定植

大葱定植一般在 6 月中旬到 7 月上旬。大葱忌连作，可以和小麦、大麦、马铃薯轮作种植。大葱在生长过程中对肥力需求旺盛，一般通过农家肥和磷肥的混合来作为底肥，然后加入尿素和钾肥。将底肥的三分之一用在翻地的过程中，让肥料和土壤均匀地混合在一起，然后按照品种特点按行距 50~80cm，沟宽 30~40cm，深 20~30cm 的规格，沟内翻出的土拍实作垄背，把剩余的底肥倒入沟内，再在沟底靠沟壁一侧开4cm的深水沟，等候栽葱。

定植时要严格选苗，起苗时小心抖掉泥土，多带须根，做到随起随分级随移栽的流水作业，保证葱苗在移栽过程中的新鲜状态。

4. 田间管理

大葱定植后，正值炎热季节，此时期不宜浇水，应该加强中耕除草，疏松表土，蓄水保墒，以促进根系发育。当遇到雨水的冲刷时，可以用麦糠覆盖葱苗裸露部位，不仅能防止水滴反溅，还可以阻隔土壤中病源感染植株的危险。

立秋后，是大葱追肥、浇水、培土的重要时刻。第一次追肥在8月上旬，以农家肥配合尿素来施肥，并加以浇水；第二次追肥在8月下旬，以尿素、草木灰、饼肥或钾肥为追肥，采取沟施，浇水，平垄。第三次追肥，9月上旬，可顺沟随水冲掺有尿素、磷肥、钾肥的人粪尿后浅培土。第四次追肥是在9月下旬的秋分后进行，在白露前后，叶面喷施磷酸二氢钾溶液，7天一次，连喷2~3次，有增产效果。10月下旬，直到收获前1周停止浇水。

根菜类蔬菜

根菜类蔬菜，具有可食用的肥大肉质直根的一类蔬菜。种类很多，有萝卜、红薯、冬笋等。下面我们简单介绍几种作物的栽培技术。

萝卜的基本栽培技术

萝卜，十字花科萝卜属二年或一年生草本植物，原始种起源于欧、亚温暖海岸的野萝卜，萝卜是世界古老的栽培作物之一。萝卜主要分为中国萝卜和四季萝卜。

1. 选地整地

由于萝卜的根系发达，最好选择土层深厚疏松、排水良好、比较肥沃的沙土。土壤的酸碱度以中性或酸性为好。但是过酸容易引发萝卜的软腐病和根肿病。想要获得萝卜的大丰收，必须及早深耕，多翻土地，深耕必须与增施基肥结合，才能达到想要的增产效果。萝卜是以基肥为主，追肥为辅。

2. 及时播种

萝卜的品种很多，播种时间应按照市场的需要及品种的特性，创造适宜的栽培条件。比如四季萝卜耐寒，抗热性强，一般在立春至惊蛰期间播种，而秋萝卜耐寒抗热性差，一般在立秋前后播种合适。为了保证产品质量和产量，应选择纯度高、粒大饱满的新种子。至于播种方法：大型品种穴播，每穴点播6~7粒；中型品种条播；小型品种撒播。

3. 田间管理

萝卜出苗后，要适时适度地进行间苗、浇水、中耕除草等一系列工作。间苗以"早间苗、分次间苗、晚定苗"的原则，保证苗全、苗壮。一般在第一片真叶展开时进行第一次间苗；出现2~3片真叶时进行第二次间苗；定苗是选择具有原品种特点的健壮苗留一株，其余拔除掉。对于浇水的问题，因为萝卜不耐干旱，对水分的要求十分严格，所以在不同的生长阶段，浇水量也不同。发芽期，需要大量的水分，来保证迅速发芽、出苗；幼苗期，根据环境的变化适当浇水；叶片生长期，适量浇水，保证叶部的发育即可；肉质根生长期，此时需要大量均匀的水分和肥料，直到采收前为止。

施肥要根据萝卜在不同的生长期对营养元素不同的需求而定。对生长期短的萝卜，若基肥充足，可少追肥。大型品种生长期长，需要分期追肥，并以肉质根旺盛生长期为重点。追施有机肥或化肥时，最好离根部远一点，浓度小一点，以免烧根，每次追完肥，都要灌一次清水，这样有利于植株根部及时吸收养分。注意，氮肥要适量，否则会让萝卜味道变苦。

4. 及时收获

一般当田间萝卜叶色变淡变黄，肉质根充分膨大时，就到了收获的时期了。春播和夏播的品种都要适时收获，以防糠心和老化。即便是秋播的品种，也要在霜冻前收获。

胡萝卜的基本栽培技术

胡萝卜，一年生或二年生草本植物。胡萝卜素是维生素 A 的主要来源，而维生素 A 可以促进生长，防止细菌感染，以及具有保护表皮组织，保护呼吸道、消化道、泌尿系统等上皮细胞组织的功能与作用。

1. 选择品种

胡萝卜的肉质根的色泽多种多样，有红、黄、白、橙黄、紫红和黄白色等品种，生产上应该选择肉质根肥大，外皮肉层皆是红色，心柱细、产量高、抗病性强的品种。

2. 适宜播期

根据胡萝卜营养生长期长，幼苗生长缓慢耐热，肉质喜凉耐寒的特性，在生产上一般分为春、秋两季栽培，以秋播为主。一般在 7 月播种，上冻前收获完毕；春播需要选择抽薹晚、耐热性强、生长期短的品种。

3. 合适土壤

胡萝卜应选择在富含有机质、土层松软深厚、排水良好的沙壤土上种植，尽量避免连作。在前茬收获后，需要将土地做平整细碎处理后配合施入基肥。胡萝卜的施肥，采取以基肥为主、追肥为辅的原则。并且使用充分腐熟的有机肥，否则会影响品质和产量。胡萝卜一般采用平畦的方式栽培，为了提高产量和改善品质，可以采用小高垄栽培方式加以尝试。

4. 播种方式

为了保证胡萝卜出土整齐，需要注意种子质量和发芽率，可以在播种前做发芽实验，确定合理的播种量。可以在播种前挫去种子的毛刺，按照浸种催芽的方法来增加种子的质量。胡萝卜采用的是条播或撒播的方式，通常将种子混在细土中，均匀播下，以浅锄或覆土镇压。只要温度条件合适，10天左右就可出苗。

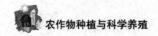

5. 田间管理

胡萝卜第一次间苗是在 2 片真叶的时候，间苗可与除草、中耕同时进行，中耕不宜过深，特别是后期，应该注意培土。如果天气干燥，土壤干枯，可以适当浇水。从播种到苗出应连续浇 3 次左右的水，以保证土壤湿润。从定苗到收获，一般进行 2~3 次追肥，追肥量要少，并且结合浇水同时进行。生长后期不宜水肥过多，否则会导致裂根。

6. 收获

为了保证胡萝卜的质量和产量，一般在 10 月中下旬进行收获，收获过晚会导致肉质根受冻，不宜储藏。

第五章
科学方法养殖家畜

猪饲料加"调料",催肥真见效

养猪业作为我国主要的养殖业,不管是在我国,还是在世界上都占有重要的地位。可是,我国不是一个养猪强国,主要原因就是科学养猪技术极度匮乏。要知道,养猪是一个系统工程,从幼猪到出栏,需要大量的时间去料理,传统的养猪方式已经无法满足市场的需求,想要获得丰厚的收益,就要学会用科学的方式去养殖,并在科学实践中不断总结和提高。下面主要讲述喂养育肥的技术要点,以帮助养猪户养好猪,进而养出好的经济效益。

创造良好的养猪条件

养猪的关键就是选好品种,猪的品种多达数十个,从肉质划分,有脂肪型、瘦肉型、肉脂兼用型。我们在具体选苗时,要挑选个大、脚高、体格匀称、用手触摸耳根无发热、身上无红点、无拉稀、采食正常的健康猪。

当你选好了品种,下一步就应该给它们"安家"了,猪栏的建设,要选在相对高一点的地方，以便于排水排便。同时要考虑透光透气，防暑避寒。地平修得较低，其他三角较高保持一定斜度辅面。这样便于打扫卫生和冲洗干净。把猪养在"毛坯房"和养在"精装房"是有区别的，要知道住宿环境多多少少会影响到猪的心情。心情好了，才会胖。给优质猪找到一个精品家后，还要精心地去管理，传统方式的散养会导致收益大大减少。

既然您把养猪当作发家致富的对象，是不是应该将心思多用在研究猪的营养需要等方面，学会识别真假、好坏的饲料，为养猪准备新鲜、营养全面的优质饲料。在管理上，做好实行三角管理，即调教猪吃在一处、睡在一处、拉在一处；还要勤打扫卫生，只有猪健康了，才能茁壮成长。

改进喂养方法促进长膘

传统的养猪饲料很单一，有啥喂啥，这样会导致猪整体营养不良，不长膘。随着生活质量的提高，人们现在懂得粗粮和细粮搭配着吃对身体好，这个观念用在养猪上也行得通，也就是把晒干了的农作物的一些秸秆或者干草类的秸秆粉碎成细小的麸皮状，再添加二三十斤花生饼或者芝麻饼，用残羹剩饭调和一下放入锅中熬煮，放凉后再喂猪，这样猪既喜欢吃又生长得快，还有利于保护猪的消化系统，另外就是草粉中含有大量的氨基酸、蛋白质和微量元素，也有利于猪的生长。

如果身边有人养殖食用菌，如蘑菇等，可以讨要或者低价购买一些培养料与饲料混合来喂猪，这样也可以促使其生长。也就是先采集菌糠并进行一定的消毒，然后把菌丝味比较浓的糠块取出，晒干粉碎，和米糠或者麸皮以适当的比例进行混合发酵，在投喂的时候要适量，不能过多，因为发酵后的菌糠很容易把猪喂醉。

传统养猪都会把饲料煮熟了，认为这样会让猪很好地消化，但是，煮熟的饲料中营养物质随着高温也损失掉很大一部分，甚至煮食不当，还可能引起亚硝酸盐中毒，导致猪死亡。科学的建议就是饲料生喂，既保证营养成分不被破坏，又能节省人力和燃料，还可防止亚硝酸盐中毒。

当然除了一些必须煮熟才能喂的饲料，比如含淀粉较高的马铃薯、南瓜等饲料煮熟了有利于消化外，其他饲料均可生喂。

为了让猪更好地消化吸收饲料中的营养，应该选择干湿喂法，让浓度像粥一样，喂料后胃液能很好地起到分解作用，促进饲料的消化、吸收，使猪快速生长。同时要定时定量给猪喂食饲料，这样使猪产生良好的条件反射，还能减少浪费，又保证营养，促进快速生长。

简单地说，养猪的饲料要多样化搭配，比例合理，精、青饲料相结合。精、青结合营养全面，有粗纤维、维生素、矿物质多，成本低，长得快。25kg以下的仔猪以喂优质、全价、营养全面，适口性好、易消化的全价乳猪料为好，25kg以上根据不同生长阶段的需要，配制多种原料的全价饲料。推行每天两次喂猪法，要喂干稠料。严格按照饲喂时间投料，一般上午8点左右喂第1次，下午5点左右喂第2次，在冬天或者哺乳母猪中午12点左右加喂一次青料，适当添加微量元素等营养物质，还可以节约饲料，降低养殖成本。通过选择优良种猪来进行杂交，培养出三元杂交商品猪，才能实现有效防疫灭病、提高成活率、降低成本。

所谓的直线育肥，除了上述内容外，简单来说，从猪仔断奶到出栏，用精料催肥，实行圈养，不放牧，不运动，一年能出栏两茬猪。在圈养的过程中，不给猪留多余的空间，让它们吃饱了睡，睡饱了吃，从而达到增肥加重的目的。

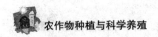

母猪多胎高产新技术

提高母猪多胎高产就是为了提高仔猪的生产量,来提高经济效率。经过我国有关部门的研究和总结,找到了很多种适合我国养殖特点的方法,这些都是科学有效地提高母猪生产量的方法,下面就为大家简单介绍一下,仅供大家参考。

如何选用优质品种

想要让母猪多胎高产,我们就要选择健壮的、产仔量高的优良品种来饲养。下面简单介绍几种有名的优质品种供参考。

约克夏猪:由英国当地猪和中国猪等杂交而成。全身呈现白色,耳朵向前立着。有大、中、小三种类型,分为是"大白猪""中白猪"和"小白猪"。大白猪属于腌肉型猪,在全球分布最广,有着极强的繁殖力,每胎能产下10~12头。小白猪属于脂肪型,早熟且容易肥胖。中白猪属于肉用型。

长白猪:著名腌肉型猪品种。由丹麦猪与大白猪杂交育成,通身白色,躯体长,呈流线型。头狭长,耳朵大并向前垂,背腰又平又直,四肢长,大腿肉多。长得快,饲料利用率高。每胎能产下11~12头。

汉普夏猪:著名肉用型猪品种。毛色黑,肩颈接合部和前肢白色。鼻面稍长而直,正竖立。体躯较长,肌肉发达。繁殖力中等,平均每胎产仔8头。

加强母猪的饲养管理

母猪的身体健康与否,直接影响着猪仔的产量和质量。所以加强母猪的饲养管理是很有必要的,首先就是在母猪怀孕初期,给它提供充足的蛋白质、维生素和其他的微量元素,其次在母猪的怀孕中期,只需提供充足的粗料即可,母猪产后的食欲比较小,所以我们要先投喂一些营养较高的食物,然后慢慢地增加粗料的用量。

选用优质公猪适时配种

优质种公猪的选择也是配种成功率和产仔率的一个比较基础的条

件，我们要选择健壮的、精子优质的、处于适配期的、没有频繁配种的公猪进行配种，这样才能让母猪成功怀上健康的幼崽。发情母猪主要表现卧立不安，食欲忽高忽低，发出特有的柔和而有节律的哼哼声，频频排尿，尤其是公猪在场时排尿更为频繁。发情中期，性欲高度强烈时期的母猪，当公猪接近时，抬起臀部靠近公猪，闻公猪的头、肛门和阴茎包皮，紧贴公猪不走，甚至爬跨公猪，最后站立不动，接受公猪爬跨。管理人员压其母猪背部时，立即出现呆立反射，这种呆立反射是母猪发情的一个关键行为。一般情况下，每天早上8点、下午2点分别观察发情状况，当进行第一次配种后，过8~12小时进行第二次配种，这样配种受胎率最高。

做好孕猪的保胎措施

母猪在配种成功后的10到15天以及生产前的20天左右的时间段是非常容易发生流产现象的，这就需要做好保胎的安全措施，也就是多喂一些含蛋白质、维生素等其他营养物质较多的优质饲料，加强平时的日常管理，做好防疫措施。

母猪不能过瘦或过胖

要母猪多产仔，产好仔，必须使母猪具备不瘦不肥的繁殖体况。过于瘦弱，营养不足，胎儿发育不好，仔猪产后生命力不强，质量低劣；过于肥胖，容易化胎或产仔数少。母猪配种膘情保持在5~7成最适宜，整个怀孕期的膘情保持在6~8成最好。因此，根据母猪体况，增减精饲料的数量，使其具备繁殖体况。

做好后备母猪的饲养管理

对于后备母猪的管理一定要到位，尤其是饲料，如果在母猪受孕前的一个星期加大喂食量，对其后面配种时的发情是有很大帮助的，而且还能促进排卵量。后备母猪第一次受孕的体重决定了它是否能够连续高产及延长寿命。后备母猪延后配种时间可以增加窝产仔数，受孕率更大，所以饲料对其产生的影响是非常有帮助的。

母猪的药物保健常识

如何保证母猪产子顺利,除了悉心照料外,药物上的提供也必不可少。

1. 产前药物保健

对母猪驱虫时间争议很大,建议在产前一个月驱虫,药物可以使用左旋咪唑或驱虫威,为了减少应激反应,最好拌料混合使用,连用7天左右,效果还是不错的。驱虫后在饲料中添加亚硒-VE粉两周,用来提高产仔率,防止流产。

鉴于一些猪场母猪产前容易出现便秘、不食、瘫痪及体质下降等疫病,建议产前第二周,饲料中额外添加人工盐、紫锥益毒清或黄芪多糖(需要拌料使用)及多西环素;饮水中添加兽用葡萄糖酸钙、符合VB、VC等,按说明添加即可。

2. 分娩中的药物保健

当见到第一头小猪娩出后,胎位正、产道无异常,可以注射缩宫素10~50IU/头猪,以缩短产程,促进泌乳。需要注意的是,子宫颈口没有完全张开时不要注射缩宫素,注射剂量不能太大,否则会起反作用。

3. 产后药物保健

产后建议立即注射青霉素及头孢菌素类副反应小的药物，用于减少母猪的疼痛反应，防止子宫炎、子宫内膜炎、乳腺炎等。为了提高母猪采食量，尽量不要添加苦味或者异味的药物，从而影响后期的泌乳。先饲喂些催乳的红糖水和粥饲料类，少喂多餐，饲料加入齐鲁丰乳宝以促进乳汁产量，提高乳汁质量，也可以添加催乳中药（王不留行、木通、益母草、六神曲、荆三棱、赤芍药、炒麦芽、杜红花，8味药混合后加水煮汁，每天1剂，分2次投给，连服2~3天）。

奶牛饲养管理要点

牛奶一直都有营养全面、老少皆宜的特点，政府也在积极推行牛奶计划，这样就使牛奶的需求量越来越大，牛奶的需求量变大了，也就相当于对奶牛养殖业的投入加大了。但是奶牛的繁殖率低、繁殖速度慢，这些对原奶的产量造成了直接不利的影响。为了改善牛奶产量低的窘局，在养殖的过程中，需要注意以下几点。

了解优秀的奶牛品种

我国的奶牛主要以黑白花奶牛为主，这种奶牛也叫中国荷斯坦奶牛，它是纯种荷兰牛与本地母牛的高代杂交种，经长期选育而成。具有适应性强、分布范围广、产奶量高、耐粗饲等特点。

娟姗牛原产于英吉利海峡杰茜岛，也是受英国政府保护的珍贵牛种，具有乳质浓厚的特点，乳脂、乳蛋白含量都明显高于普通奶牛，优质乳蛋白含量达3.5%以上。

爱尔夏牛属于中等类型的乳用牛，原产于英国艾尔夏郡，著名的乳牛品种。被毛白色带红褐斑。角尖长，垂皮小，背腰平直，乳房宽阔，乳头分布均匀。

如何选到优质良品牛

当你不知道如何挑选优质良品牛的时候，不妨从以下几点作为

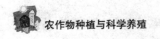

参考。

1. 看乳房。高产奶牛都有着硕大的乳房，向前延伸，会到腹部，向后，则充满于股间而突出躯体后方。前后左右的四个乳房发育均匀，乳头长短粗细适中，圆柱形状，相距较宽。一般情况下，高产奶牛的乳房在奶水足时会非常膨大，富有弹性。挤完奶后，乳房会显著缩小，并且十分柔软，出现不少皱褶。

2. 看外形。黑白花奶牛长得十分高大结实，体态匀称。头、颈、胛及后腿等部位轮廓分明；皮肤薄而富有弹性，毛细腻而有光泽。主色黑白花，界限分明。

3. 看胸腹腰。选择胸部宽深，容积大，背腰直、平、宽、长的奶牛。

4. 看头颈肩。头狭长而清秀、轮廓分明，鼻孔大、鼻镜宽，嘴巴宽阔、口裂要深、界限分明，眼要圆大、炯炯有神，角应细长、致密而润滑，向前上方弯曲。颈要求长薄，与头肩结合自然、良好，肩要紧贴体臂而有适当倾斜。

5. 看蹄肢、尻部。四肢坚实有力，蹄肢端正，无"O"型腿或"X"型腿，蹄底呈近圆形。母牛的生殖器官要大而肥润，闭合完全。尻部长宽平或微倾斜意味着后驱发达。

母牛发情的主要表现

母牛发情时会有四种特征，外阴部发生变化、性欲旺盛、性兴奋、排卵。而精准掌握母牛发情的规律，是提高受胎率的主要因素。母牛发情分为发情前期、中期和末期三个阶段。母牛发情后，阴门由微肿慢慢地变得肿大饱满，松弛而柔软，阴唇黏膜充血、潮红、富有光泽，排卵过后，阴户肿胀开始消退，会缩小而出现皱纹，阴唇黏膜的充血和潮红现象也会消失。在排卵前或者排卵后，会有少量带血的分泌物出现，这些都是正常的。母牛发情时，喜欢叫唤，躁动不安，尾巴高高举起，不爱吃草，到处走动。排卵时间一般出现在夜晚10点左右到第二天凌晨3~4点。

牛舍建造的注意事项

奶牛场一般包括 4~5 个功能区，即生活区、管理区、生产区和粪污处理区、病死畜管理区。具体布局建议如下：

1. 生活区，指奶牛场饲养人员住宿休闲的地方。为了保证良好的卫生环境，应将生活区设置在牛场上风口、地势较高的地段，并与生产区保持 100m 以上的距离。

2. 管理区，为与经营管理、产品加工销售有关的地方。

3. 生产区是奶牛场的核心，大门口应该设置门卫传达室、消毒室、更衣室和车辆消毒池，非生产人员不得入内，出入人员和车辆一定要做好消毒工作。生产区的奶牛舍要按照泌乳牛舍、干乳牛舍、产房、犊牛舍、育成前期牛舍、育成后期牛舍的顺序来排列，各个牛舍之间要保持一定的距离，布局要整齐，便于防疫、防火、科学管理。生产区与管理区要完全分开，相距 50m 以上。

4. 粪污处理区设置在生产区下风口地势较低的地方，与生产区相距 100m，并设置隔离带。为了提高粪污的综合利用，应建造沼气池。

如何判断牛是否生病了

牛的养成计划中，必须有一对"火眼金睛"，对于病牛，早发现早治疗，避免传染。

1. 看食欲：健康的奶牛食欲较为旺盛，吃草料的速度较快，吃饱后开始反刍（俗称倒沫），在草料新鲜、无霉变的情况下，如果奶牛只是嗅嗅草料，不愿意吃或者吃得很少，就是有病的体现。

2. 看粪尿：健康的奶牛的粪便呈现圆形，边缘高，中心凹陷下去，并散发出新鲜的牛粪味；尿是透明的淡黄色。生病的奶牛，大便呈粒状，或者是腹泻拉稀，甚至散发出恶臭味，并夹杂着血液和浓汁，尿是黄色或者变红。

3. 测体温：一般采用直肠测量体温的方法，奶牛的正常体温为 37.5~39.5℃。如果不在此正常范围内，就是生病的表现。

4. 观神态：健康的奶牛会经常摇动尾巴，动作敏捷，眼睛灵活，毛皮光亮。如果发现奶牛眼神呆滞无神，皮毛粗糙，有时会颤抖着摇晃，不摇动尾巴，就是生病的表现。

5. 看鼻镜：不管是天气炎热还是寒冷，健康的奶牛鼻镜会有汗珠，十分红润。如果鼻镜无汗珠，并十分干燥，就是有病奶牛的表现。

6. 记录产奶量：比较每次产奶量的不同，健康的奶牛每天的产奶量差不多，如果产奶量突然下降，奶牛就是生病了。

肉牛短期快速肥育技术

肉牛有着极高的价值，并受到了全球畜牧养殖业较发达的国家的极大关注。在畜牧业中，它的地位数一数二。肉牛的体躯丰满、体重增长较快，产肉性能好，肉质口感好。发展养殖肉牛业，能够有效地将粗饲料、农作物秸秆以及食品加工副食品转变为高质量的动物性食品，能够减少环境的污染，促进生态农业的可持续发展。怎样在短期内获得品质高的牛肉，是养殖户应该关注的问题。下面简单地介绍一下关于肉牛品种的培育技术，仅供参考。

了解几种有名的肉牛品种

肉牛的种类有很多，下面介绍几种有名气的品种，仅供参考。

西门塔尔牛：西门塔尔牛原产于瑞士阿尔卑斯山区，并不是纯种肉用牛，而是乳肉兼用品种，被畜牧界称为"全能牛"。西门塔尔牛被引进我国后，与黄牛杂交，通常情况下，杂交一代的生产性能提高30%以上，所以很受欢迎。

夏洛莱牛：夏洛莱牛原产于法国中西部到东南部的夏洛莱省和涅夫勒地区，是举世闻名的大型肉牛品种，该品种牛最显而易见的特征是被毛呈乳白色或者白色，皮肤上有色斑，肌肉、骨骼结实，四肢强壮。夏洛莱牛头又宽又小，角又长又圆，并向前伸展，角质呈现蜡黄色，颈部又粗又短，胸部又宽又深，肋骨方圆，背宽肉厚，躯体呈现圆筒状，有着发达的肌肉，并且后臀的肌肉也很发达，并向侧面和后方突出。

利木赞牛：利木赞牛原产于法国中部的利木赞高原，并因此得名。它以生产比重大的优质肉块而出名，属于专门化的大型肉牛品种。这种牛头短、额头宽、长有角、嘴较小、胸宽、肋圆、背部腰部较短，尻平后躯尤其发达，四肢强壮，肌肉结实，被毛硬，毛色由黄到红，背部毛色较深，而腹部的较浅。

鲁西黄牛：这是山东地方良种牛，大部分为红棕色、淡黄色和黄色，通常情况下，有眼圈、嘴圈、腹下部的毛色较浅。性情温顺、腰背宽平、身躯结实，形体结构紧凑而匀称，前驱肌肉结实。肉质细嫩，肥瘦均匀，层次分明，味道鲜美，为传统的出口商品，有"山东膘牛"之称，一生可产下10~12头牛犊。

如何选购杂交品种

上述简单介绍了几种有名的肉牛，在选购的时候，尽量选择这些牛的杂交良种，因为杂交的良种增重快，瘦肉多，脂肪少，饲料报酬高。尽量选购1.5~2.5岁、重达300kg以上的公牛，因为这个阶段的公牛生长停滞期已过，接下来就是进入肥育阶段，因此能快速地增重；从体型上看，最好选择较瘦但体型大、胸部深宽、背腰宽平、体躯呈圆桶形，臀部宽大，头大，蹄大，皮肤柔软、疏松而有弹性，角尖凉，角根温，鼻镜干净湿润，眼睛明亮有神的牛。

做好饲养观察期准备

刚刚购买的育肥牛，要观察牛的健康状况，大概需要10~15天，这个过程中，要隔离饲养，具体的饲养方法为：进场后马上更换牛缰，对牛体进行彻底消毒。24小时内只饮清水，每次限量10~15kg，饮水中加麦麸、人工盐。24小时后可饲喂优质干草或青贮饲料，每天2次，每次1小时，间隔8小时。并在头1天连续肌肉注射维生素A，第2天注射2.5%的氯丙嗪以消除应激，第3天防疫注射，体内外驱虫。第4天开始饲喂粗饲料的时候饲喂精饲料。

如何实行分段育肥

为了使育肥牛达到耗料少、增重快的目的，在饲养上可分过渡期、育肥前期和育肥后期三个阶段。

过渡期以30天为限，以喂精料为主，每100kg体重喂1kg混合精料，日粮含粗蛋白质12%，钙、磷0.5%以上。如果牛不愿意进食，可喂中药健胃散来健胃。育肥前期为30~40天，精料与粗料的比例为60∶40。每天喂2次，每次2小时，中间间隔8小时。育肥后期为30天，此期间脂肪沉积能力最强，精料与粗料的比例为70∶30，粮食中要继续添加能量饲料，每天喂2次，每次2.5小时，中间间隔8小时。

合理调配饲料，快速育肥

为满足牛的营养需求，可根据育肥阶段合理地调配饲料。育肥牛日粮包括粗饲料、精饲料和添加剂饲料。粗饲料可使用秸秆青贮饲料。精饲料可用玉米、高粱粗磨后与麸皮、饼类、骨粉、碳酸氢钙等掺和在一起，分阶段按照营养需求进行配制。添加剂由抗生素类、微量元素类和维生素类三种构成。抗生素类可以选用瘤胃素，在育肥阶段，其用量分别为每天每头60mg、200mg、250mg、300mg，将其均匀混入精料中，

第五章 科学方法养殖家畜

进行一次性投喂；微量元素的添加，按照产品的推荐量添加；维生素A、维生素D、维生素E，按照产品推荐量的150%添加即可。如果日粮中，粗饲料不是氨化秸秆，而是干草、青贮或酒糟，每天每头则可以加喂尿素80~100g，均匀地拌入精料之中，与粗料合喂。

传统的饲养方法大部分已经被社会经济规律所淘汰，想要靠养牛来获利，必须下功夫去研究肉牛的特性、牛舍的建造、卫生防疫问题、饲料的合理搭配以及与牛相关的一切，从而达到减少成本，短期内快速育肥肉牛的目的。

肉驴饲养技术

驴，头大耳长，胸部稍窄，四肢瘦弱，躯干较短，颈项皮薄，蹄小坚实，体质健壮，抵抗能力很强。驴的性情温顺、耐受力强、寿命长、食量小，且集药、补、食三大功能于一体。新鲜驴肉呈暗红色，驴肉中蛋白质含量高，脂肪含量却很低，味道清淡、鲜美，是一种不错的休闲美味。

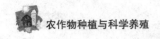

如何选择肉驴的品种

想要靠养驴来发家致富，首先就要对驴的品种有详细的了解。按体格大小来分，我国的驴分为三类：大型驴，有陕西关中驴、山东德州驴（渤海驴），体重为250~290kg，种公驴也有在350kg以上的；中型驴，有山西晋南驴、广灵驴、河南淮阳驴、甘肃庆阳驴，体重为220~250kg，种公驴也有300kg以上的；小型驴，有河南毛驴、陕西滚沙驴、内蒙古库伦驴、宁夏西吉驴、甘肃凉州驴、四川驴、云南驴、西藏驴和辽宁驴，体重为160~220kg，种公驴也有250kg以上的。

根据自家的条件和当地的环境去选择适合的品种来饲养，当你面对众多品种的驴时，应该选择那些体型大，体格健壮，蹄小而坚实，抗病力强，遗传性好的品种。最好选择良种驴和本地驴杂交，培养其中优良的品种，养肉驴宜选中型驴，次之为大型驴，而小型驴多为制阿胶用。

饲养肉驴的场地选择

驴舍建筑要根据当地的气温变化和驴场生产用途等因素来确定，以坐北朝南或朝东南双坡式驴舍最为常用。肉驴场应水电供应充足，水源符合国家生活饮用水卫生标准；饲料来源方便，交通便利；地势高燥，地下水位低，排水良好，土质坚实，背风向阳，空气流通。驴舍内主要设施有驴床、饲槽、清粪通道、粪尿沟、饮水槽和通风换气孔等。肉驴场一般分生活区、管理区、生产区和辅助生产区。

肉驴育肥的基本方法

根据年龄、体况、公母、强弱进行分槽饲养，不放牧，以减少饲料的消耗，有利于快速育肥。刚生下的驴子，15天后就可训练吃由玉米、小麦、小米各等份混匀熬成的稀粥，加少许糖，但不能喂太多，一般用作诱食，精料饲喂从每日10g开始，以后逐步增加，到22日龄后喂混合精料80~100g；饲喂时讲究少喂勤添，饮足清水，适量补盐。幼驴日补精料量从100~200g开始，逐月递增，可以达到很好的育肥效果。

当驴2~3个月时，主要促进驴体膘肉丰满，沉积脂肪，可以让驴连饮10~20天的糖水（白糖红糖皆可），或者猪油、鲜韭菜、食盐，炒熟喂，每日1次，连喂7天。在育肥过程中再添加适量的锌，可预防脱毛及皮肤病。舍饲肉驴一定要定时定量供料，每天分早、中、晚、夜4次喂饲，春夏季白天长可多喂1次，秋冬季白天短可少喂1次。但夜间一定要喂1次。

饲料上要进行去照料，也要注意驴舍的温度，平时保持常温，天冷后要保温，尽量让驴多晒太阳；天热时及时降温，加强通风，以防中暑或食欲减退。每天保持1~2小时的运动量，每天给肉驴进行几次身体刷拭，以刺激皮肤促进血液循环，增强体表运动，又可驱除虱、螨等体外寄生虫，促进体表健康。每隔10~15天用3%的来苏儿消毒驴舍，以防疾病发生。

好的环境，加上合理科学的饲料配制，才能在肉驴方面获得丰厚的利益。

种公驴的饲养管理

通常在配种期开始前的1.5个月就应对种公驴加强饲养管理，使其具有中上等膘情，保持良好的体况。实践证明，当提高饲粮中蛋白质、矿物质和维生素水平时，短时期内就能迅速提高精液的质量。配种的公驴一般要保证健康、旺盛性欲和配种能力强，在其培育中应十分注意体质的培养和锻炼。对公驴的使用应有所控制，可根据体况、年龄和以往的使用情况适度掌握。一般年轻公驴每天交配1次为宜，壮龄公驴一天可交配2次（间隔8~10小时），每周应休息1天。为了安全，在饮水和饲喂后，不宜立即进行交配。

育肥结束期该怎么做

在肉驴育肥最合适的时候，进行适时屠宰，不仅能节约养驴者的成本投入，降低成本，而且对保证肉的品质有着极其重要的意义。当肉驴在育肥阶段的采食量（以干物质为基础）下降到正常量的三分之一，甚至更少时，从外貌观察有脂肪沉积的部位是否有明显脂肪以及脂肪量的多少；脂肪不多的部位和沉积的脂肪是否厚实、均衡来判断结束育肥的时间。

驴肉主要有哪些价值

从营养学和食品学的角度看，驴肉比牛肉、猪肉口感好、营养高。驴肉中氨基酸构成十分全面，8种人体必需氨基酸和10种非必需氨基酸的含量都十分丰富。驴肉具有"两高两低"的特点：高蛋白，低脂肪；高氨基酸，低胆固醇。对动脉硬化、冠心病、高血压有着良好的保健作用。同时能为老人、儿童、体弱者和病后调养的人提供良好的营养补充。

第六章
家禽类的科学养殖法

蛋鸡饲养技术

蛋鸡，顾名思义，就是饲养专门生蛋以供应蛋的鸡，人们之所以养蛋鸡，主要看中蛋的营养价值，而不是鸡肉的品质。经过几十年的飞快发展，我国蛋鸡行业已经连续21年成为禽蛋产量最多的国家。

育鸡的饲养管理技术

蛋鸡育成管理是非常重要的环节，育成期工作的目的就是要培育出具备高产能力及能长久维持高产体力的青年母鸡群。

1. 选择优质品种

蛋鸡品种应该选择体质健壮，抗病力强，觅食力强，蛋质好，产蛋率高，能适应当地环境的本地鸡。现在的蛋鸡分为白壳蛋鸡、褐壳蛋鸡和浅褐壳蛋鸡三种。

白壳蛋鸡，约占目前饲养量的15%，因蛋壳是白色而得名。体小性成熟早，产蛋多，饲料效率高，死亡低。代表品种有（美国）海兰白壳蛋鸡、（德国）罗曼白壳蛋鸡、（荷兰）海塞白壳蛋鸡等。

褐壳蛋鸡，约占饲养量的 70%，因蛋壳是褐色而得名。这类鸡具有蛋重大、蛋壳厚的优点。代表品种有（美国）海兰褐壳蛋鸡、（德国）罗曼褐壳蛋鸡、（荷兰）海塞褐壳蛋鸡等。

浅褐壳蛋鸡，又称粉壳蛋鸡，利用白来航鸡与褐壳蛋鸡杂交产生的鸡种，壳色深浅斑驳不整齐。代表品种有海兰灰、罗曼粉蛋鸡、海塞粉蛋鸡等。

2. 饮水与饲喂

饮水：雏鸡运回后应立即让其饮水，初饮最好先饮 8% 的红糖水或同量的葡萄糖水，同时配合惠维素和菌特饮水，来防止细菌病的发生。

饲喂：第一次吃饲料，一般在初饮后 2~3 小时开始，在地面铺上与地面颜色反差较大的物品（如报纸），撒上饲料，以帮助雏鸡识别食物。

3. 温度与湿度

温度：在蛋鸡未到的前一天中，鸡舍的温度保持在 34~36℃，以后每周降 2 度，夏天降至室温为止，冬天降至 25~26℃即可稳定。通过观察鸡群的动态来判定温度高低：温度过高，鸡群远离热源，张嘴呼吸，两翅下垂；温度低时，鸡群出现扎堆；控制室内温度的高低，以达到整个鸡群均匀分布为宜。平时应在鸡舍不同高度、不同部位挂几个温度计，且舍内温度白天应比夜间高 2 度，并严防煤气中毒。

湿度：对于育雏室的湿度控制，一般要求第一周 65%~75%，第二周至第七周为 60% 左右，条件好的控制在 55%~65%。

4. 光照、通风换气

除了能刺激蛋鸡性成熟外，光照还有杀菌消毒作用。开始育雏 1~3 日龄，可用人工光照补充到 23 小时，4~14 日龄缓慢降至 18 小时，此后每周缩短 1~2 小时，直至缩短到自然光照。整个鸡舍气流速度基本保持一致，做到无死角、无贼风、避免穿堂风，这一点对高密度饲养鸡舍最为关键。

5. 控制性成熟年龄

鸡群在150~160日龄开产，175日龄50%的产蛋率较为合适，技术经验不足的情况下，稍晚一点开产较为安全。鸡群过早或过晚开产都会严重影响经济效益。开产过早导致鸡出现体重增长迟缓、瘦弱、蛋重小、脱肛和啄肛的现象。一般产蛋高峰维持时间短，死亡淘汰率高。

6. 发育均匀度的控制

一般7日龄的鸡大部分个体在体重指标内，则认为该鸡群正常。如果体重很均匀，开产之后产蛋上升很快，几乎在两三周内就能达到产蛋高峰。体重差异大的鸡群，产蛋率上升缓慢，没有高峰期，产蛋持续时间短。

7. 产蛋期饲养

想要让鸡群迅速进入产蛋高峰期，应减少各种应激反应，让产蛋高峰期维持6~9个月。

首先要适时换料，供给充足的营养。从18周龄开始应该给予高营养饲料，及时增加饲料中钙的含量，这样能促进母鸡骨髓的形成，有利于母鸡顺利开产，还能避免在高峰期出现鸡瘫，减少笼养蛋鸡疲劳症的发生，饲料中钙的含量应在2%左右（高产期钙、磷的平衡比为6∶1）；或直接使用高峰期料，让小母鸡产前在体内储备充足的营养和体力。

其次，由于大部分蛋鸡由非产蛋状态，突然转入产蛋状态，体内激素分泌不稳定，抵抗力下降，常出现产畸形蛋、带血蛋等，甚至大批量鸡会死亡，为此需要每隔10~15天使用菌特或阿利唑饮水，或安康拌料，配合惠维素饮水。尽量不要打针、驱虫、断料、断水、停电、停光，避免室内温度太高、有害气体超标。

最后，当蛋鸡到了终产期，蛋少或停产时，一定要做好优胜劣汰的工作，将平均产蛋量保持在80%左右。

育雏失败的原因及防治措施

养殖免不了失败，从失败中得到经验，才能更好地避免重蹈覆辙。

1. 第一周死亡率高的原因

（1）细菌感染：大多是由种鸡垂直传染或种蛋保管过程中及孵化过程中卫生管理上的失误引起的。

（2）环境因素：雏鸡对环境的适应能力较低，温度过低导致鸡群扎堆，部分雏鸡被挤压窒息死亡；在温度控制失误的情况下，会导致雏鸡染病死亡。

防止措施：一是要确保较好的种鸡进雏；二是要控制好育雏环境；三是育雏期用加奇和菌特饮水，新肥素或禽速康拌料，预防一些常发的细菌病。

2. 体重落后于标准的原因

（1）饲料营养水平太低。

（2）环境温度的失控。

（3）鸡群密度过大。

（4）照明时间不足。

（5）感染球虫病或大肠杆菌病等。

防治措施：为了使雏鸡适时达到标准体重：一是要供给优质的饲料；二是要科学有效地去管理；三是要有合理的饲养密度和光照制度；四是要提前用药预防雏鸡各阶段的常发病。

肉鸡饲养技术

肉鸡养殖业以它本身一直固有的高效率、低成本等优势，成为中国畜牧业领域中产业化程度最高的行业。经过几十年的发展，我国已基本形成由肉鸡养殖、屠宰分割、鸡肉制品深加工、冷冻冷藏、物流配送、批发零售等环节构成的肉鸡产业体系。

肉鸡的基本饲养技术

下面简单介绍一下肉鸡的饲养方法，仅供参考。

1. 精心选雏

雏鸡应该选择颜色均匀、干净、干燥、带有一定光泽度；眼睛圆而明亮，行动机敏、健康活泼；腹部柔软，卵黄吸收良好；脐部愈合良好且无感染；肛门周围绒毛不黏成糊状；脚的皮肤光亮如蜡，不呈干燥脆弱状的。采用"全进全出"的饲养制度。即在同一范围内只进同一批雏鸡、饲养同一日龄，并且在同一天全部出场。目前的肉鸡品种主要有白羽肉鸡、黄羽肉鸡、茶花鸡、固始鸡、红羽肉鸡等。

2. 科学的饲料配方

全价配合颗粒饲料是根据相应比例混合、通过制粒获得的，有着丰富的营养。肉鸡饲料必须含有较高能量和蛋白质，适量添加维生素、矿物质及微量元素，最好在肉鸡的不同生长阶段采用不同的全价配合料，任其自由采食，每天定时加料，添料不要超过饲槽高度的1/3，以免啄出浪费。并保证新鲜清洁充足的饮水。在开食前的饮水中加入5%~10%的葡萄糖或蔗糖，有利于雏鸡体力恢复和生长。

3. 鸡舍建设

一般规模化养殖肉鸡，通常会选取在气候干燥、地势偏高、沙质泥土以及背风向阳的位置来建造鸡舍。尽量远离居民区，并确保交通足够便利，以免影响周围民众的日常生活。鸡舍是肉鸡饲养的关键区域，需要科学设计鸡舍架构。例如，建造层叠式的养殖场，既能合理运用室内有限的空间，又能按照肉鸡的具体生产状况调节鸡舍高度，为肉鸡的健康生长创建优良的生存空间。此外，要独立设计鸡舍的某些区域，比如将排粪渠道与饲料、食物的输送渠道要完全分开。将所需的基础设施配置完善，如取暖设备、消毒装置以及加湿设施等。

4. 营造良好环境

鸡舍的基础设施完善了，需要做一些细小的调整，比如在不同高度、不同的方向放上温度计，用来监控鸡舍的正常温度和湿度。鸡舍内部温湿度偏低或偏高将影响肉鸡的生长发育。还有光照问题，光照影响肉鸡的采食时间。随着肉鸡的生长，光照强度需不断削弱，以保持整个鸡群的安静。最后，要保证鸡舍的清洁卫生，鸡粪会产生细菌，散发的异味也会刺激到肉鸡的呼吸道黏膜，从而引发疾病。

5. 加强免疫管理

对于雏鸡来说，一般会注射一些疫苗，这是为了预先让肉鸡体内产生一些病原体抗体，进而有效防止此类疾病的出现。肉鸡能否提高免疫能力，首先要确保疫苗的质量。选择的疫苗不仅需要通过国家有关部门的认证，还需完全根据相关要求进行运用和储存。不能贪图便宜，买一些质量不高的，甚至是假的疫苗给小鸡注射；其次，保证了疫苗的质量后，要合理运用注射方法。下面介绍两种注射方式：

第一，注射法。包括皮下注射和肌肉注射两种形式。肌肉注射主要包括翅膀肌肉注射、胸肌注射以及腿肌注射等。注射前，需进行预温，同时将疫苗摇匀，注射疫苗前两三天，应该给鸡喂养含有多维素和土霉素饲料。

第二，饮水法。按照整个鸡群的具体情况，根据一定比例将疫苗掺入饮用水中，鸡群需在相应时间内全部饮用完。需注意的是，疫苗有

第六章 家禽类的科学养殖法

可能会和其他物质发生化学反应,所以运用饮水法前3~5天,不得对鸡舍进行消毒。

常见的鸡病与防治措施

1. 鸡慢性呼吸道病

又称鸡败血霉形体病、鸡败血支原体病,其病原是败血霉形体。各种日龄的禽类均会感染,全年各季均可发生,但以寒冬及早春最为严重。主要临床症状表现为流鼻涕、咳嗽、窦炎、结膜炎及气囊炎,呼吸时有啰音,生长停滞。

防治方法:加强鸡场、鸡群、人员、设施的隔离,严格消毒,保持鸡舍环境的清洁干燥,以及饲料的营养全面等。同时针对慢性呼吸道疾病目前使用的疫苗主要是弱毒疫苗和灭活疫苗。弱毒疫苗适合给三至五周的雏鸡免疫,既可用于健康的鸡群,也可用于已经患病的鸡群,免疫保护率80%以上,免疫持续时间达7个月以上。灭活疫苗以油佐剂灭活疫苗效果较好,多用于蛋鸡和种鸡。免疫后可有效防治本病的发生和经过种蛋传染给下一代,并能减少诱发其他疾病的机会,增加产蛋量。

2.鸡大肠杆菌病

鸡大肠杆菌病是由大肠杆菌引起的一种常见病、多发病,可引起多种组织器官的炎症,饲养管理不良,卫生状况差,气候突变,断喙、接种、转群等应激因素以及感染其他疾病等都会诱发本病。防治方法:鸡群发病后可用药物进行防治,磺康奇诺与维康饮水混合,小苏打与绿生源拌料,连用3~5日。

鸭繁育技术

鸭子的颈短,体型相对来说较小。如同天鹅一样,鸭的腿位于身体的后方,所以走起路来左右摇摆。中国的三大名鸭:北京鸭、绍兴鸭和高邮鸭。我国农业农村部于2006年6月2日的第662号公告规定,国家级畜禽遗传资源保护品种包括北京鸭、攸县麻鸭、连城白鸭、建昌鸭、金定鸭、绍兴鸭、莆田黑鸭、高邮鸭。按照经济效益进行分类,鸭子可以分为三个品种,即肉用型、蛋用型和兼用型。肉用型包括北京鸭、樱桃谷鸭、狄高鸭、番鸭、天府肉鸭等;蛋用型有绍兴鸭、金定鸭、攸县麻鸭、江南1号、江南2号、咔叽-康贝尔鸭等;兼用型有高邮鸭、建昌鸭、巢湖鸭、桂西鸭等。

鸭子的基本养殖技术

科学的养殖鸭子才能更好更快地发家致富,以下建议仅供参考。

1.良种选择

(1)种鸭的选择。选择头大、颈粗、胸深而突出,背宽而长,嘴齐平,眼大而明亮,腿粗而有力,体格健壮,精神活泼,生长快,羽毛紧密,有光泽,性欲旺盛。

(2)种母鸭的选择。以产蛋为主要目的,这时应选择体长,嘴长,眼睛灵活,头稍小颈细长,腿部肌肉结实,两腿间的距离宽,胸部深宽,臀部丰满下垂而不擦地,尾部宽扁齐平,走路平稳,觅食能力强,羽毛丰满的母鸭。以产肉为目的,应选择体长,背宽,胸深而突出,羽毛丰满,行动慢,性情温驯,长得快的鸭子。

(3)适配年龄。鉴于品种不同,公鸭的适配年龄有所差异,一般为5~8月龄。这期间公鸭精力旺盛,母鸭繁殖力也强。孵化期为27天。

2. 利用年限

种母鸭每2~3年更换一次,到了第4年应该淘汰母鸭。肉用种母鸭的利用年限应比蛋用鸭短,通常情况下,至三年淘汰。蛋用种公鸭的配种年限一般为2~3年。肉用种公鸭一般为1~2年。

3. 雏鸭饲养

初生雏鸭全身绒毛干后,即可喂食、饮水。喂食前先进行潮水,也就是所谓的点水。先将鸭子放在篮子里,将篮子轻轻地放入水中,以浸水至脚背为准,任其自由饮水。时间一般5~6分钟,不能太长时间,确保其只饮用到水。等到毛干后,马上进行第一次喂食。第一次喂食又称作"开食",开食应在幼雏出壳后24小时内进行,这样才有利于幼雏的生长发育。开食料原则是以营养丰富、容易消化、便于吸食,幼雏爱吃。前3天不能喂得太饱,以免引起消化不良。要掌握勤添少喂的原则,每次喂八成饱,每天喂6~8次。开食以后,逐步过渡到使用配合全价的"花料",日喂次数仍然保持在5~6次。因为幼雏不懂饥饱,必要时只给水,不给食。

4. 雏鸭培育

春季培育雏鸭,疫病少,易成活,生长快,好管理,是一年中最好的育雏季节。

(1)育雏期间要注意保温,切忌给温忽高忽低。育雏鸭的适宜温度为:1~3日龄30℃,4~7日龄25℃,3周龄后随常温饲养即可。

(2)先饮水后开食。雏鸭出壳24小时后,应先给水再开食,并在第一次给水中加入适量维生素C和葡萄糖,以利于清理肠胃,促进胎粪的排出。开始时可先用半生半熟的大米饭,撒在清洁的垫布上,让其自由啄食,每次喂七八成饱,每昼夜喂6~8次。随后投喂次数日益减

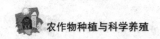

少，可适当加些鱼虾、蚯蚓、泥鳅等，喂时可将此类荤腥料切碎拌入饲料中，也可先熬成汤糊混入饲料中喂给。

（3）掌握适宜密度。要适时分群，严防扎堆。特别在早春天气和下半夜，要注意观察雏鸭动态，及时赶堆。可按大小、强弱、年龄等不同分为若干小群，每群以150~350只为宜，一周以后再调整一次。

（4）合理补充光照。一般3日龄以内要全天光照，以后每周减少2~3小时，4周龄后随自然光照饲养即可。

（5）调教下水放牧。对于地面平养雏鸭，5日龄开始调教下水。每次下水上来后，都要让雏鸭在无风、温暖的地方梳理羽毛，待羽毛干后再赶回舍内。5日后就可以让其自由下水活动，然后在鸭舍附近锻炼放养。

（6）注意卫生防疫。雏鸭1周龄后可进行鸭瘟、禽出败疫苗预防接种，10~20日龄时注射鸭瘟病毒性肝炎血清1次，60日龄时再用鸭瘟疫苗免疫1次。

提高鸭子产蛋量的方法

鸭在一年中有两个产蛋高峰期，一是在3~5月，二是在8~10月，其中春季产蛋高峰更为突出。想要让鸭子在这个时候多产蛋，春季放鸭时间要逐渐延长，力争做到早出晚归，让鸭多觅食多晒太阳。夏季要防止鸭中暑。中午要把鸭子赶到树荫下乘凉。饲养时注意少吃多喂，适量加些青饲料。秋季天气凉爽适宜，水中活食丰富，鸭子食欲旺盛，因此，必须防止鸭肥而影响产蛋。一般控制鸭子吃七成饱为好。放牧时要选择水生动植物较少的混浆水域。冬天鸭子产蛋量下降，可以采用人工强制换羽的方法，使鸭子恢复产蛋。其方法是：拽掉鸭子翅膀及尾部的大毛，增喂精饲料。同时背部与胸部的羽毛会自然脱落，20天左右羽毛长齐，鸭子便恢复产蛋。

一般说来，产蛋鸭傍晚采食多，不产蛋鸭清晨采食多，这与晚间停食时间长和形成蛋壳需要钙、磷等有关，因此早晚应多投料。舍饲鸭群采食和休息随鸭主所给条件而定。鸭的配种一般在早晨和傍晚进行，交配行为以傍晚较多，熄灯前 2~3 小时交配频率最高。垫草地面是安全的交配场所，因此，种鸭要晚关灯，实行垫料地面平养，有利于提高受精率。

鹅的规模化养殖

鹅作为一种常见的家禽，其生活习性比较特殊，具有喜水性、警觉性、耐寒性、生活规律性等。

鹅的基本养殖技术

关于养殖鹅的技术，跟养殖鸭子差不多，以下建议仅供参考。

1. 品种的选择

优良的品种是肉鹅养殖技术的关键因素，在选择品种时，应该选择体型大、生长发育快、饲养周期短、喜欢吃粗饲料的鹅，要求鹅饲养 75~90 日龄，体重达 3.5kg 以上。我国鹅品种主要包括莱茵鹅、皖西白

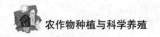

鹅和狮头鹅等。

2. 精选饲料

个人养殖时,可以喂养青绿饲料,比如野草、蔬菜、饲草等。这是因为鹅有着发达的肌胃和盲肠,易于消化粗纤维。如果饲养鹅的数量达到一定的规模后,可以采用种草养鹅的方式,牧草主要有苦菊和黑麦草等。而紫花苜蓿等牧草不能单独饲养鹅,但可以与禾本科的牧草混合饲养,这是因为紫花苜蓿等牧草中含有较多的皂素。

3. 管好幼雏期

养鹅散养又称圈养方式,先将育雏舍清理干净,铺上垫草后,进行第一次消毒,到进雏鹅前一天再用百毒杀消毒液喷洒消毒。鹅出壳后,第一关是温度,要根据气候环境的变化,来调节温度,3天内要保持在28~32℃,随后逐渐降低温度,直到温度保持在25~28℃。育肥期要加篱笆围栏圈养,限制其活动。将饲料和饮水槽放在围栏的外面,鹅可以伸出头来采食和饮水,其中饲料的搭配要添加富含碳水化合物的谷物、玉米、米糠、豆饼等种类,适当添加一些块茎饲料,使其消化吸收快,同时要添加青草如苜蓿、苦碱菜、小叶串香草或小麦草,促使大肠及盲肠有益菌快速繁殖,撕裂发酵粗纤维,增加B族维生素的量,使鹅长膘长肉,增重快。

4. 光照适量

光照能够促进雏鹅的新陈代谢,有利于采食,增进食欲,促进对钙的吸收。正确方法是先对育雏进行24小时光照,维持2天时间,以后每两天减少1小时,直到自然光照为止。合理的光照强度要求每$40m^2$的雏鹅舍使用一盏40瓦灯泡,灯泡悬挂在育雏舍中间,距离地面高2m处左右。白天光线太强,可用红纸遮挡一下,以防雏鹅发生啄毛、啄肛。尽量减少应激反应,雏鹅转群、换料、免疫接种时不要同时进行,因为同时进行会增加应激反应,能够诱发雏鹅发病。为了减少应激,可在饲料或饮水中添加维生素C和电解多维等抗应激药物。

5. 卫生防护

每天要对育雏舍进行打扫，清除粪便、污物和垃圾，每周用 0.3% 的过氧乙酸进行喷雾消毒 2~3 次；饲槽、水槽要用 2% 的苛性钠刷洗；每周用 3% 的苛性钠消毒环境 1 次；必须保证饮水卫生，饲料不能长久储存，防止发霉变质；对于粪便、污物、垃圾要运到远离育雏舍的下风口进行生物发酵无害化处理，死亡雏鹅尸体要做到焚烧或深埋。此外，雏鹅抗病能力差，极易感染发病，主要靠接种免疫。一旦雏鹅发病，要及时确诊，对症治疗，不能随意用药和盲目加大剂量。一般连续用药时间不得超过 1 周，以防产生抗药性和不良反应。

预防常见的鹅传染病

1. 小鹅瘟

鹅瘟是雏鹅最易感染的病毒，经常是突然发病，死亡率较高。预防方法是出壳 24 小时内注射疫苗。临床症状是精神差，不愿意进食。粪便稀薄呈灰白色，消瘦，两腿直立、卷曲困难，一般发病持续 5~8 小时多因脱水，衰竭死亡。做好雏鹅的免疫接种是最简单的预防措施。

2. 病毒性肝炎

鹅的病毒性肝炎，又称流行性传染性病毒性肝炎，发病日龄 1 周到 3 周龄比较明显。主要症状是突然拒绝进食，出现死亡，颈部羽毛蓬乱；眼出泪红肿，口流黏液，精神抑郁；腹部鼓胀，粪便稀薄灰色、黄白色。是当前雏鹅最为严重的传染病之一。

预防方法有生产病毒性肝炎疫苗，出壳的鹅 24 小时后就可以注射疫苗。在发病期间饲料中添加维生素 C 和复合维生素 B、葡醛内酯片，来提高肝脏的解毒功能，促进肝细胞的生化代谢。

鹅的营养价值和药用价值

鹅肉有着丰富的营养，富含人体所必需的多种氨基酸、蛋白质、维生素、烟酸、糖、微量元素，并且脂肪含量很低，不饱和脂肪酸含量高，有利于人体的健康。其蛋白质含量比其他家禽家畜都要高，赖氨酸含量比肉仔鸡高。中医理论认为鹅肉味甘平，有补阴益气、暖胃开津、祛风湿防衰老的功效，是中医食疗的上品。具有益气补虚、和胃止渴、止咳化痰、解铅毒等作用。适宜身体虚弱，气血不足，营养不良之人食用。可常喝鹅汤，吃鹅肉，既可补充老年糖尿病患者营养，又可控制病情的发展，尤其对治疗感冒、急慢性气管炎、慢性肾炎、老年浮肿、肺气肿、哮喘，效果显著。据现代药理研究证明，鹅血中含有较高浓度的免疫球蛋白，对艾氏腹水癌的抑制率达40%以上，可增强机体的免疫功能，升高白细胞，促进淋巴细胞的吞噬功能。鹅血中还含有一种抗癌因子，能增强人体体液免疫而产生抗体。

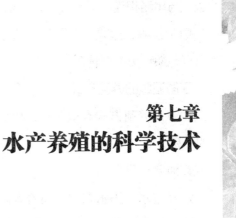

第七章
水产养殖的科学技术

泥鳅仿野生高产饲养技术

泥鳅属鳅科，有着"水中之参"的美誉，遍布我国南方各地，但在北方并不常见。泥鳅肉质细腻，有韧劲，营养价值较高。泥鳅还富含蛋白质和多种维生素，经常食用能够提高人体免疫力。泥鳅体内还含有一种类似EPA的不饱和脂肪酸，能够保护血管，因此老年人和心血管病人应多食用。

泥鳅的主要品种有哪些

品种主要有：真泥鳅、大鳞副泥鳅和中华沙鳅。

真泥鳅：称作泥鳅，身体呈长圆柱形，尾部侧扁，口下位，为马蹄形。口须5对，上颌3对，下颌有大小2对。尾鳍呈圆形，皮下有着细小的鳞片。体背和背侧呈现灰黑色，还有黑色的小斑点。体侧下半部呈白色或者浅黄色，尾柄基部上方有一黑色大斑。头部较尖，身上的黏液较多，吻部凸出，口和眼较小。

大鳞副泥鳅：分布在长江中下游及其附属水体。体形和泥鳅很像，须5对。眼被皮膜覆盖。无眼下刺。鳞片大，埋于皮下。尾柄处皮褶棱发达，与尾鳍相连。尾柄长与高约相等。尾鳍圆形。肛门近臀鳍起点。

中华沙鳅：这是一种可以用来观赏的泥鳅，体态与泥鳅相似，相对而言，颜色更为鲜艳。

了解泥鳅的养殖方式

泥鳅的养殖方式有很多种，根据下面的推荐，选择出一种合适自己的养殖方式。

1. 池塘养殖

选择进水、排水方便，向着太阳，含腐殖质适中的黏质土壤来修建池塘，并在池塘周围搭建高出水面40cm的防逃逸措施，比如用硬塑料板、砖块和水泥板或者三合土来筑成，也可用聚乙烯网布沿池塘的四周围栏，网布下埋置硬土层，水深40~50cm即可。池底铺20~30cm厚的软泥。池壁要夯实，且比地面高出一截。在池内近出水口处设一个拦鱼网。用密密的网布将进水口、溢水口、排水口包裹起来，池底向排水口倾斜，并设置与排水口相连的拦鱼网。池中投放浮萍、水葫芦等约占总面积1/4的水生植物。

2. 池塘混养

池塘可以单养泥鳅，也可以与鲢鱼、鳙鱼、草鱼、鳊鱼等鱼类混养。相对而言，混养有一定的优势：不需要单独给泥鳅喂饲料，只需要给其他鱼类喂鱼饵就行，泥鳅吃鱼类吃不完的饵料和鱼类排出的粪便即可。这种养殖方法有着极高的效益和大的水面利用价值，值得推广。

3. 坑塘养殖

可以采用房屋前后的小型肥水坑塘作为养泥鳅的基地，坑塘面积从十几平方米到四五十平方米，每平方米放养约120尾的泥鳅，然后投喂鸡粪、猪粪这一类的有机肥料或者菜饼、米糠等农家残存剩品，就能够获得高产。

4. 稻田养殖

还可以利用稻田来养泥鳅，既节约水面，又能收获粮食，一举两得，经济效益显著，是发展高效农业较好的种养模式。

5. 网箱养殖

网箱包括苗种培育箱和成鳅养殖箱。网箱可置放在池塘、河边、水渠、湖泊等水体。箱底着泥，网箱必须铺上 10~15cm 的泥土或适量的水生植物。

了解泥鳅的繁殖技术

越来越多的人喜欢吃泥鳅这种小型鱼类，市场前景广阔，但是人工饲养泥鳅却有不小的学问，下面的内容仅供参考。

1. 常规清塘

放养泥鳅前，先常规清塘。泥鳅苗下池前 10 天，用生石灰 20~30kg/100m^2，带水清塘消毒。消毒后用 30~45kg/100m^2 的腐熟人畜粪作为基肥，池水加到 30cm。等水变成绿色后，透明度为 15~20cm 时，就可以投放泥鳅苗。具体步骤如下：每 100m^2 水面撒 8~10kg 生石灰，2~3 天后加水。7 天后进行排干处理，然后放入干净的水，使水深达 20~30cm。再投入沼液，每 100m^2 约 5000kg，培肥池水。

2. 培育鳅种

泥鳅苗出膜第 2 天便能进食，当饲养 3 到 5 天时，能长到约 7mm，这时卵黄囊消失，然后进入苗种培育阶段。泥鳅苗的放养密度一般为 1000~1500 尾 /m^2，在微流水条件下，可适当增加放养密度。同一水池中要放养规格统一、同批卵化的泥鳅苗。大概 30 天后，它们能长到 3~4cm。当它们有钻泥的习性时就能够进行成鳅养殖。

3. 成鳅养殖

鳅种放养前，可用 8~10cm/kg 漂白粉液进行消毒，水温 10~15℃时浸洗 20~30 分钟。在泥鳅池中可适当培养草鱼、鲢鱼、鳙鱼等中上层鱼类夏花鱼种，不宜搭配罗非鱼、鲤鱼、鲫鱼等。刚下池塘的泥鳅苗，需投喂轮虫、小型浮游植物等适合口味的饵料，同时适当投喂熟蛋黄、鱼粉、豆饼等精食料。在日常管理中，做好水质管理，及时加注新水，调节水质。根据水质肥度进行合理施肥，池水透明度保持在15~20cm，水色以黄绿色为宜。当泥鳅游到水面浮头"吞气"时，表明水中缺氧，应停止施肥，注入新水。夏天当水温达到30℃时要经常换水，冬天要增加池水深度，可以用投放牛粪、猪粪等厩肥到池中，来提高水温的方式，确保泥鳅顺利度过冬天。

泥鳅的病害防治方法

在饲养的过程中，最重要的是注意防治病害。尤其是流行于夏季的烂鳍病（赤鳍病），只要表现为泥鳅背鳍附近表皮脱落，肌肉开始出现腐烂，可以用10~50mg/kg的氯霉素溶液或土霉素溶液浸洗10~15分钟，每天1次，连用5天；或用10mg/kg的四环素溶液浸洗24小时，小鱼池可全池浸洗12小时后换水。在7~8月，会流行一种"打印病"，也就是泥鳅尾部两侧有红斑。用漂白粉进行全池消毒即可。泥鳅车轮虫病流行于5~8月，病鳅离群独游，摄食减少或停止，大量死亡。用福尔马林全池泼洒，浓度为30mg/kg，或用硫酸铜硫酸亚铁合剂（5∶2）全池泼洒，浓度为0.7mg/kg即可。

海参养殖技术

海参是一种无脊椎动物，我国约有 140 种。在我国，海参主要分布在温带区和热带区，温带区的主要经济品种是刺参，也是我国最为知名的海参种类；热带区主要经济品种是梅花参，主要分布在广东、广西和海南。海参在各类山珍海味中位尊"八珍"之首，具有多种中医特指的补益养生功能。之所以海参能成为经济品种，主要是在它的价值上。海参的蛋白质含量高、脂肪低、糖分低，且富含人体必需的 18 种氨基酸、7 种维生素、脂肪酸以及常量、微量元素。

随着社会的进步，人们对营养更加关注，于是具有很高的食用和药物价值的海参走进了人们的视野，下面我们来了解一下常见的食用海参。

了解海参的主要品种

海参的品种有很多，下面简单介绍两种我国有名的品种。

1. 仿刺参。中文名称：仿刺参、灰刺参、刺参、灰参、海鼠。仿刺参体长 20~40cm，体呈圆筒形。皮肤黏滑，肌肉发达，身体可延伸或卷曲。体色有黄褐、黑褐、绿褐、纯白或灰白等，多为黑褐色。体壁厚而软糯，它是北部沿海的食用海参中质量最好的一种。

2. 梅花参。它是海参纲中最大的一种。背部肉刺很大，每 3~11 个肉刺的基部相连，呈梅花状，故名"梅花参"；又因体形很像凤梨，故又称"凤梨参"。体大肉厚，品质佳，是中国南海的食用海参中最好的一种海参。

还有一些其他品种，包括绿刺参、花刺参、图纹白尼参、黑玉海参、玉足海参、黑乳参等。

人工饲养海参的方法

海参的饲养有着很大的局限性，饲养技术相对有些难度，下面将有详细的介绍。

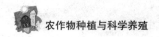

1. 选址建造

养殖场所应符合当地渔业行政主管部门制定的水域滩涂养殖规划。对于养殖池的建设，根据不同的养殖品种、模式和条件等因素，科学、合理地确定养殖池的大小、形式和规模。进排水渠道方面，要求进水口与排水口要尽量互相远离，进、排水渠道应独立分离设置，新建养殖场不应设在已有养殖场的进水口或排水口附近。

2. 清淤

在进行养殖之前，用海水清除养殖池污物杂物，维修水池和进出水渠道。选用水泥池做养殖池时，必须反复多次刷洗。选用池塘做养殖池时，沉淀物较厚的地方必须予以清淤、暴晒，促使有机物分解。

3. 调节底质和施肥

全部清淤后，消灭不利海参培育的带病中间宿主和养殖敌害生物，定期用生石灰和漂白粉对养殖池及进出水的渠道进行消杀。池塘则可由溶有消毒药物的池水浸泡一段时间，在放苗前的几日，换成沙滤水或清洁水。养殖用水必须是从无污染地区引进的水源，在使用前后，还要进行适当处理，并定期检测水质情况。充分纳水以后，注意肥水，并再次培养有益的生物群落。倒入适量的光合细菌以及有益菌株，提高养殖池肥水的速度，增强肥水的效果。一般情况下，当水温低于 20℃时，肥水需要 15~30 天；而水温达 20℃以上时，肥水至少需要 8 天时间。

4. 种参的选择

种参鲜活体重应在 300g 以上，最好选择养殖的个体在 350g 以上、活力强、性腺好、无损伤的个体。

5. 种参暂养

种参在入池以后，通常需经过 3~10 天的暂养期。若暂养时间短，可不投饵，每天进行 2 次全部换水，每晚换水时，完成 1 次彻底的清底。另外，需要用深色塑料布遮光，并及时将个体及表皮溃烂、破损的个体挑拣出来。

第七章 水产养殖的科学技术

6. 人工催产技术

诱导产卵采用的刺激法包括阴干、升温、水流等。雌参产卵前，先缓慢将其放入特定产卵箱，进行受精。受精后，尽快将雌参捞出，用过滤好的海水洗卵，每次持续 2~3 分钟，洗去多余精子和污物，直到池水变清。排卵后需再暂养 3~5 天，等待雌参自然产卵。暂养期间，亲参将会多次产卵。受精卵的孵化水温为 20~22℃左右，孵化密度以 6~8 个/mL 为宜。孵化期间，每 0.5 小时用搅水耙将池水上下翻动 1 次。

海参的病害防治方法

海参养殖环节病害主要有：

1. 育苗期：烂边病、烂胃病、化板症、气泡病；

2. 稚参培育：盾纤毛虫病、细菌性溃烂病；

3. 幼苗培育及养成：腐皮综合征、霉菌病、扁形动物病、后口虫病。

海参病害预防应做到以下几点：

1. 加大换水量，严把养殖水质卫生关，定期将水质取样送检，及时清池消毒；

2. 科学控制放苗密度，以每斤180头的幼苗为例，放苗量控制在每亩4500头左右；

3. 选用优质的饵料投喂，保持饵料新鲜，防止饵料在池底还没被摄食前腐烂变质；

4. 加强海参养殖观察和记录，发现海参少量发病时，及时将病参挑选出来，进行药物浸泡，避免病害蔓延；

5. 科学用药，严禁使用违规药物。

虹鳟鱼人工养殖技术

虹鳟鱼为世界名贵鱼类之一，是世界上大面积养殖的重要冷水性鱼。成熟后，个体沿着侧线有一条棕红色的纵纹，如同彩虹，这也是其得名的原因。虹鳟有食用价值，对养殖水域的水质要求较高。1959年，周恩来同志访问朝鲜，金日成曾以虹鳟鱼相赠，先在黑龙江养殖，后因为人工孵化效果不明显而被迫停止。1971年，我国运回了七条虹鳟鱼，先在晋祠泉进行饲养，取得了成功。1978年，我国对虹鳟扩大养殖，分别在广灵壶泉、朔县神头泉、临汾龙子祠泉试养，同样取得了成功。

广灵壶泉和晋祠泉是我国有名的泉，冬暖夏凉，冬天不会结冰，热气腾腾，青萍浮动，适宜养鱼。这里养殖的虹鳟鱼，体长大概为30cm。有的虹鳟鱼的背、鳍呈褐色，有的呈现出暗绿色，夹杂着如同雪花般的小斑点，中间有一条红色纵带，无腥味、无细刺，味道鲜美，有着丰富的营养，是鱼中珍品。对于很多人来说，海产品的养殖有着不少的困难，但真正熟悉了以后，就会感觉到很容易掌握。

虹鳟鱼的养殖条件

1. 对水质的要求。养殖池塘最好为水质清澈，透明度大，含氧量充足，不含任何有毒、有害物质的流水池塘。要求夏季水温不超过20℃，冬季水温在4℃以上。

2. 养殖场的建设。虹鳟养殖场的供水水源，最好是山涧溪流、泉水、地下水、深水水库的底排水或水温偏低、透明度大的河水。通过提高水位的方式，形成水流落差，保持池塘的供水有足够的流速。池塘圆形、椭圆形、长方形、水沟形均可，但以延长的长方形为好，宽长比例1∶4~1∶5，防止池中有水流停滞的死角。要求池底有一定的坡度、坡降，便于排水、排污和捕鱼。

虹鳟鱼稚鱼的饲养

开始投喂时需注意使饵料遍撒水面，这样稚鱼才能聚群吃食。这样喂养两周后，就可以将鱼食投向鱼多的地方了。比较常用的稚鱼开口饵料有鸡蛋黄、牲畜的肝脏、鲜杂鱼肉、水蚤干或啤酒酵母等，投喂饵料时，必须先将饵料弄细或剁成糊状撒在池水上游水面上。等后期稚鱼渐渐长大后，将几种饵料混合调成糊状煮熟后，制成小颗粒状，撒到水中。初期每天投喂次数需多些，日投6~8次为宜，后期日投2~4次。初期稚鱼的放养密度为5000~10000尾/m^2。5个月以后，鱼重为20~30g的个体，放养密度为500~100尾/m^2。

三倍体虹鳟鱼饲养

三倍体虹鳟鱼即全雌性虹鳟鱼，是普通二倍体虹鳟鱼和四倍体虹鳟鱼杂交生成。三倍体虹鳟鱼具备成本低、肉质鲜嫩，周期短的特点。从目前我国养殖水平来看，虹鳟鱼的生产周期为三年。为了缩短生产周期，降低成本，全雌三倍体技术应运而生。并且全雌三倍体技术可提高虹鳟鱼成活率10%，可提高生长速度10%~20%。降低养殖成本5%以上，可提高经济效益15%~20%。

虹鳟鱼成鱼的饲养

通常情况下，用满1龄的鱼作为鱼种，也可以从当年鱼开始养，一直养到食用鱼出池。

1. 放养密度

要想获得高产，必须放足量的鱼种，在条件允许的情况下，放养量和生产量成正比，所以，要实现预定年产量，放养量必须达到生产目标的 20%~30%。

2. 饲料

饲养成鱼的饲料主要有，进口鱼粉、国产鱼粉、肉骨粉、肉粉、血粉、酵母粉、啤酒酵母、豆饼、大豆、豆粕、麦麸皮、玉米面、面粉下脚、另外添加维生素和矿物质、鱼油、豆油等。饲料原料一定要保证质量，坚决不用发霉、变质的饲料。

3. 饲养管理

（1）水的管理与控制，养鳟用水要求清洁、无污染，最佳生长温度为 12~18℃，常年水温最好不低于 10℃，最高不超过 22℃。

（2）增氧，想要获得好的经济效益，在有限的水量，获得尽可能大的产量，就需要进行增氧。增氧措施有两种：第一种是注入水的自然落差，跌水增氧。第二种是使用增氧机，比如桨叶式、YL 叶轮式、涡轮式、喷水式、水车式增氧机等。

（3）投料，采用手撒的方法，大规模生产厂家会用自动投饵器。投饵次数一般为每天两次。投饵要定量，防止鱼吃得过饱，一般达到八成饱即可，观察鱼抢食程度，部分鱼离群游走时，即可停止投饵。投饵要均匀，尽量使鱼都能吃到足够的饲料，要注意减少饲料的浪费。

（4）鱼病防治，以预防为主，在鱼感染疾病之前采取一定的措施来进行预防，从而降低损失。

虹鳟鱼的常见病防治

1. 水霉病：发生在鱼卵孵化期，水霉病菌在死卵上着生，菌丝包围了健康卵，经 20 小时，卵窒息而死。

2. 小爪虫病：是常见的寄生虫病，病鱼体可见许多小白点。

3. 车轮虫病：其寄生于皮肤和鳃上，引起病鱼呼吸困难，在池底集群，行动慢。

4. 三代虫病：该病侵袭鱼种皮肤及鳍，病鱼极度不安、不时拼命挣扎。

5.肠炎病：成鱼易患此病，肠道发炎充血、红肿，轻压腹部有黄色黏液流出。

以上病情主要防治方法：

1.定期给病体清毒、浸洗，主要用硝酸亚汞、孔雀石绿、硫酸铜等低溶度溶液浸洗，或者以食盐水，也能把死卵、菌体分离出来。

2.常对添加饵料的工具进行清洗和消毒，千万不要喂变质的饲料。增喂维生素类食料尤其是维生素E，强化治疗，结合改善环境。

速效养鳖新技术

鳖，又称甲鱼、水鱼、中华鳖等。头中等大，前端瘦削。吻长，形成肉质吻突，鼻孔位于吻突端。眼小，瞳孔圆形。体背青灰色、黄橄榄色或橄榄色。腹乳白色或灰白色，有灰黑色排列规则的斑块。鳖生活在江河、湖沼、池塘、水库等水流平缓、鱼虾繁生的淡水水域。在27~28℃的气温条件下，生长速度最快。气温低于15℃时，钻入泥中冬眠。中国普遍把鳖作为上选的珍品，且用作食疗的滋补食品。鳖富含蛋白质、不饱和脂肪酸、多糖、多种微量元素及维生素，其中包括在人体代谢中具有重要作用，被称为"脑黄金"的DHA和EPA两种不饱和脂肪酸，它们可以抑制血小板凝结，防止血栓形成和动脉硬化，降低机体内"有害的"胆固醇含量。

鳖的池塘生态养殖技术

这是一种生态养殖模式，利用无公害的自然资源配合科学的饲养方法，保证在最短的时间获得最大的利益。

1. 种鳖的选择

选择种鳖，应先正确识别雌雄，然后按照每年可产蛋5批，每批产蛋20个以上，蛋重平均在6g左右，其受精率和孵化率较高，而且稚鳖生长发育也快的要求来选择优质种鳖。凡是性成熟的鳖，雌鳖的尾部较短，不能自然伸出裙边外，反之雄鳖尾较尖，能自然伸出裙边外。雌雄搭配比例一般以3∶1为宜。

2. 性成熟年龄

根据各地气候不同，鳖的性成熟年龄也不同。在华北地区需5~6年，长江流域需4~5年，华南热带地区需3~4年，台湾只需2~3年。关于亲鳖的适宜年龄，根据中国的情况，一般在6年左右为宜，此时其个体约为500g，即可达到性成熟，体重为3~5kg的鳖，其繁殖能力最强。

3. 池塘建设

选安静、无噪声、交通方便、接近电源、接近水源，且无污染的地方。鳖喜静怕声、喜阳怕风、喜洁怕脏。如果是自繁、自育、自养的养鳖场，就要考虑新鳖池、稚鳖池、幼鳖池、3龄鳖池、成鳖池5种鳖池配套建设。塘边和池边分别建晒台和饵饲台供鳖晒背和摄食之用，四周建好防逃墙，砖砌、石棉瓦竖置均可。

4. 鳖之饲料

在放养前半个月，要将培育池中的水放干，用生石灰对池底进行全面消毒。鳖放养最佳水温为15~17℃。鳖饵料以小鱼、小虾、蚯蚓、

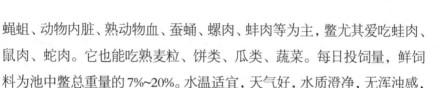

蝇蛆、动物内脏、熟动物血、蚕蛹、螺肉、蚌肉等为主,鳖尤其爱吃蛙肉、鼠肉、蛇肉。它也能吃熟麦粒、饼类、瓜类、蔬菜。每日投饲量,鲜饲料为池中鳖总重量的7%~20%。水温适宜,天气好,水质澄净,无浑浊感,鳖较活跃,可多投,反之则少投。

5. 饲养管理

投喂金甲牌生态甲鱼配合饲料,分上、下午两次投喂,在8:00~9:00投喂1次,占日投喂量的40%,16:00~17:00投喂1次,占日投喂量的60%,以投喂后1小时内吃完为标准。投饵必须严格遵循"四看"(即看水温、看水色、看天气、看鳖的吃食情况)、"四定"(即定时、定位、定量、定质)的原则,一般晴天正常投喂饲料就行,遇到雷雨天、连续绵绵细雨等不好天气时,要将饵料减少或者停止投饵。

6. 调节水质

水质好坏对鳖的生长来说十分重要。成鳖池每4天换水一次,每次换水量为1/4,保持水质澄净,溶氧充足,肥度适当。水色以绿色状态为好,使其相互隐蔽,减少互伤机会;亦可在水中放少量水浮莲、水葫芦等绿色植物,来改善水质。

鳖的稻田养殖技术

稻田养鳖,稻鳖共生,稻田为鳖的生长提供了适宜的场所,同时,鳖又可为稻田疏松土壤、捕捉害虫,从而将成本降低,并提高经济效益。

1. 稻田选择

不是所有的稻田都可以养鳖,应该选择离住处较近,地势低洼,水源条件好,水流通畅,排灌方便的稻田。这样便于看护鳖的生长情况。在选择好的稻田周围用砖块、水泥板、木板等材料建造高出地面50cm的围墙,顶部压沿,内伸15cm,围墙和压沿内壁应涂抹光滑,并搞好进排水口和防逃设施,这是稻田养鳖的关键环节。在建好防逃墙和进排水口后,应在稻田内开挖鳖沟,也可用田边的条沟代替。鳖沟是投喂饲料和鳖冬眠的场所。田中央建沙滩,以供亲鳖产卵繁殖和晒背所用,一般为南北向，高出正常水位0.8m。

2. 鳖苗的投放

稻田养鳖要根据条件，合理放养，掌握好放养密度。一般情况，放养2龄以上的鳖，每亩500~800只为宜。雌雄比例为2∶1或3∶2。养鳖稻田可放养少量大规格鲢鱼种，来净化水质。

3. 饲养方法

1~2龄鳖个体较小，饵料以水生昆虫、蝌蚪、小鱼、小虾、水蚯蚓、鱼下脚料等制成的新鲜配合饲料为主。3龄以上的鳖咬食能力较强，可以螺蛳、河蚬、河蚌等带壳的鲜活贝类为主，适当投喂大豆、玉米等植物性饲料，也可投喂人工配合饲料。

4. 日常管理

注意观察水色，分析水质，经常加注新水，适当控制水位，调节水温。高温季节，在不影响水稻生长的情况下，可适当加深稻田水位。除了水质外，稻田管理中应经常注意防逃防害，还要注意防盗、防中毒。稻田养鳖，容易被盗，应有专人负责看护。为了防止中毒，养鳖稻田不要施用农药。

海湾扇贝的高产养殖技术

海湾扇贝,贝壳中等大小,壳质较薄,但很坚韧,呈圆形。壳突出,壳背缘较直,腹缘及前、后缘均呈圆形。壳表多呈灰褐色或浅黄褐色,有深褐色或紫褐色云状花斑,一般左壳的颜色较浅,而右壳的颜色较深。海湾扇贝耐温范围为 -1~32℃,生长的最适温度为 22℃。海湾扇贝为滤食性贝类,滤食海水中的微生物、单细胞藻类、有机碎屑和海洋小型生物。

海湾扇贝的软体部分皆可食用,其闭壳肌肥大味美,营养丰富,富含蛋白质、脂肪、碳水化合物、钙、磷、铁等无机盐类以及丰富的维生素 A 及 B 族维生素。海湾扇贝的养殖有着不小的困难,但只要注重养殖方法的科学性,很多问题就会迎刃而解。

海湾扇贝的良种选择

要选择生活在水清、水流大、养殖水域无污染、饵料丰富海区的养殖贝,但它必须是当年育苗。因为它的生活周期只有一年,所以养殖海湾扇贝要尽量使用早苗、大苗和壮苗。最好选用 6 月中旬以前就达到壳高 5mm 的商品苗。

海湾扇贝网笼的制作

按每亩养 10 万粒计算,每亩需要直径为 300mm(最好采用 350mm)、层数为 8~10 层的养成笼 400 个(目大 15~20mm)。同时需要 30 个目大 3mm 的小苗暂养笼,以及 20 个目大 5mm 的小苗暂养笼。作用为养苗和疏苗。网笼的层间距的各个盘子彼此之间要保持平行,禁止出现歪斜现象。这样会影响到扇贝的进食和生长。

海湾扇贝的人工繁殖

人工繁殖包括种贝培育、采卵、受精和孵化等。首先最好在 3 月上旬便开始进第一批个体较大、壳面比较干净的种贝,按照每笼 80~100 个的数量分层装进网笼中,并吊挂在培育池中。水池的水温控制在

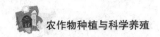

15~28℃，培育水温越高，促进性腺成熟所需的时间就越短。

扇贝对水质条件要求较高，在培育过程中，一般1~2天，全部换水1次，换水时水温要相对稳定，水温下降不超过2℃。同时要清除池底沉淀粪便、残饵等杂质；还要用0.5~1mg/L的呋喃西林来控制水中微生物的繁殖。为加速种贝性腺成熟要适当投饵，饵料通常为单胞藻，如三角褐指藻、低温金藻、一定量的面粉、豆浆等，分8~10次投喂。当种贝大量排放精卵时，水面会出现大量的气泡。由于海湾扇贝是雌雄同体，采卵时池中精卵同时大量出现并随时受精，为了防止因受精过多引起胚胎发育畸形，最好的办法就是注意掌握采卵池中卵的密度，采卵结束后移出亲贝，估算采卵数量。海湾扇贝受精卵孵化的盐度范围最适为27‰左右。受精后1~2天孵出D形幼虫（23℃时需20~22小时），刚孵出的D形幼虫壳长约90μm。

海湾扇贝的幼虫培育

幼虫的生长与发育，与水温有着密切的关系，当水温升高时，生长发育速度加快。一般在幼虫培育时水温要控制在23℃左右。对盐度的要求，72小时内幼虫生存的盐度范围最适为23‰左右；光照要控制适当，同时让幼虫与饵料生物均匀分布。直射阳光，可迫使早期幼虫沉降。在幼虫培育过程中，到了一定时期要进行倒池，一般倒池2次，目的是清除池底的污物如粪便、残饵、幼虫尸体等，使水清洁，保证幼虫正常生长发育。同时还要保持水质清洁，每天至少换水2~3次，每次补充新鲜海水1/3或1/2。饵料是培育幼虫的关键，投喂的饵料种类大多采用人工培养的等鞭金藻、塔胞藻、小球藻、叉鞭金藻等。幼虫经10天培育后出现眼点，叫眼点幼虫，平均壳长190μm以上，然后进入幼苗培育阶段。

海湾扇贝的幼苗培育

幼苗培育包括池塘培育和海上中间培育。池塘幼苗培育和采苗：幼虫培育至眼点出现，壳长150~220μm时，要立即倒池，清刷池底，投放采苗器采苗，或将幼虫移至另外池中采苗。采苗器投放要上下均匀。幼苗附着后适当提高投饵量，全部附着后加强光照强度；幼苗海上中间培育：幼苗在培育池中长到平均壳高为350~450μm时，可移至海上继续培育，直至育成商品苗。海上中间培育的关键是提高保苗率。一般采用塑料筒盛苗与网袋盛苗相结合的培育工艺。这样可提高保苗率1倍以上。

海湾扇贝的成贝养殖

从壳高为5mm的商品苗养到商品贝时，大概需要6个月。扇贝的成活率一般在70%~80%，成活率的高低，与管理有着直接的关系。如果管理得好，成活率可达99%。海湾扇贝养成的条件：水温为18~28℃时生长较快；耐盐范围为21~35；浅海区以中层生长最好，表层次之，底层最差；为了成贝的正常生长，最好远离近岸，这是为了防止海中一些生物对成贝产生危害。海湾扇贝最适宜在浅海筏式笼养和在养虾池与对虾混养。凡是水深在6~20m，水温在-1~33℃、盐度在20‰~34‰、水质良好（无污染、透明度在0.6m以上）的海区均可养殖海湾扇贝。

养虾池盐度应在19‰以上，底质为较硬的泥沙质为宜，在养虾池底养殖成贝的效果比较好，因为扇贝在养虾池滤食饵料，可改善养虾池水质，提高对虾产量。注意，海湾扇贝不适宜在滩涂或水泥池养殖。

彩虹鲷养殖技术

彩虹鲷又名红罗非鱼，因鱼体红色，故称彩虹鲷。彩虹鲷是尼罗罗非鱼和莫桑比克罗非鱼杂交的一种突变种。有橘黄、橘红、红色、粉红等。彩虹鲷属于热带鱼，具有繁殖力强、食性杂、生命力强、适应盐度广、耐低氧、生长快以及淡水和海水均可养殖等特点。由于该鱼肉厚而无细刺，鱼肉富含叶绿素，味道鲜美还能起到养颜的作用，深受人们欢迎。彩虹鲷成鱼养殖包括四种方式：池塘主养、成鱼池套养、网箱养殖、稻田养殖。

彩虹鲷的池塘主养

1. 池塘选择与准备：主养彩虹鲷池塘以1~2亩为宜，在4月下旬或5月上旬，用生石灰彻底清塘；将池水抽至30~40cm水位，每亩用50~80kg生石灰化浆后全池均匀泼洒，一周后注入新水至1.2m深，施腐熟粪肥300~500kg／亩。施肥一个星期左右后投放鱼苗，同时开始少量投喂，投喂饲料可用菜饼粉、豆饼粉等，当鱼苗达到5~7cm，便可分规格、分池塘进行成鱼养殖。

2. 水质管理：成鱼池要求水质"肥而爽"。一般水越肥，鱼体颜色越是鲜艳，肥水池中天然饵料充足。根据水质情况，采用适量多次的方法追肥，肥料以猪粪为佳。由于池中水较肥，要密切关注水质的变化，最好配备增氧设施，谨防水质恶化和泛池。

3. 饲料：采用精饲料投喂和精饲料与粗饲料搭配投喂的方法。如果有条件的话，尽量投喂彩虹鲷专用鱼料，否则用鲤鱼、鲫鱼料代替也行。

4. 喂养：投饵采用"四定"的方法：定时、定点、定质、定量。

彩虹鲷的成鱼池套养

彩虹鲷不仅非常适合池塘和水库、湖泊网箱、围栏养殖，在海水、半咸水养殖也具有十分广阔的前景，且养殖的成鱼肉质更好。此外，又是虾、鳗、鳖池中一个理想的套养品种。套养既能与主养品种相互协调，充分利用养殖空间，又能清除虾、鳗、鳖池的残饵、代谢物，改善水质，降低成本。而且可以直接利用闲置虾、鳗、鳖池来主养彩虹鲷，显著提高综合效益。

彩虹鲷的网箱养殖

1. 网箱结构与布局

可做成 1m×1m×1m 大的网箱，网目为 3cm 大。箱底用密网布做成边高为 20cm 的盘状底网，来防止饵料的流失。在全封闭式的网箱顶上 30~50cm 处安装诱虫灯一只，网盖上一角设一直径为 10cm 粗的黑塑料斜插管或黑铁皮管，作为投饵料管道。网箱顶上用黑色编织物等做成比箱盖大一点的帽子，用来给箱中彩虹鲷遮光，避免外界的人为干扰，避免动物的干扰，让鱼能够安全进食。在黑暗环境中，鱼儿活动量大为减少，有利生长。网箱间距 2~3m，品字形排列。

2. 投喂方法

对于刚进箱的鱼，要喂少量适口性的饵料，来进行驯食。几天之后，稳定喂食，每天喂 4 次。饵料中常拌中草药来预防疾病。在有飞虫的季节，晚上将网盖揭开，打开灯，诱虫喂鱼，白天再盖上网盖。多吃昆虫，对鱼的生长有利。

彩虹鲷的稻田养殖

稻田养殖彩虹鲷，是充分利用水资源、增加单位面积产出、调整农业产业结构、增加农民收入的种养结合项目。在种植稻田的田块内放养彩虹鲷，能除掉稻田中的害虫和杂草，可节省稻田除虫、除草所花费的人力、物力。另外，由于鱼在田间活动，还能疏松土壤，鱼的粪便含有大量的氮，也为水稻生产提供了肥料。现将其养殖技术简述如下：

1. 稻田选择

套养彩虹鲷的稻田一般宜选择水源充足且稳定、水质清新且无污染、注排水方便、保水性能好、交通方便、水利设施好的田块，面积1~5亩，以方便种养管理。将田埂增高到90~100cm，宽50cm，这是为了确保蓄水、防逃逸性能。

2. 田块整理

在鱼种放养前，必须对田块进行整理，一般情况下，1~5亩的田块可挖2~3个鱼凼，建在稻田中央和田埂边，开挖成方形，深1~1.2m，与中心鱼沟相通。在离田埂内侧1~1.5m的地方，开挖沟宽0.6m，深0.8~1m的外环沟，视田块大小而挖成"十"字形或"井"字形，与外环沟相通。在田块进、出水口设置拦鱼栅，起防逃和防止敌害生物入池的作用。

3. 鱼种放养

稻田田间工程结束后，放养前 2 周，用生石灰化水泼洒于鱼凼、鱼沟及田块中，进行消毒，次日用耙子等工具将凼、沟及田底耙动一下，使石灰浆与淤泥充分混合。放苗前一周每亩施肥水 200kg，以培育水中天然饵料。一般在水稻插秧后 5 天左右，待秧苗返青时放养。也有的地方将鱼种放入鱼凼、鱼沟中饲养，待秧苗返青后再打通沟、凼放鱼入田放养。放养时需注意，首先选择体质健壮、活动力强、无病无伤、规格整齐的鱼种。其次放养密度要合理。具体的放养量可根据稻田条件、水质环境、排灌条件及管理水平灵活掌握。最后是放养的操作要规范。放鱼时间应选在晴天的上午或傍晚，切忌在雨天或晴天正午放鱼。

鲍鱼养殖方式

鲍鱼是"海中四珍"之一，有着丰富的营养，鲜美的味道，被誉为海洋中的"软黄金"。鲍鱼营养价值丰富，鲜品中可食用的部分，蛋白质含量为 24%，脂肪含量为 0.44%；干品中，蛋白质含量为 40%，糖原含量为 33.7%，脂肪含量为 0.9%，以及多种维生素、微量元素。鲍鱼的蛋白质含量高，脂肪含量低，谷氨酸的含量高，对人体的身体健康有利。鲍鱼中还含有对调节机体酸碱平衡、维持神经肌肉的兴奋方面具有重要作用的矿物质元素，如钙（Ca）、铁（Fe）、锌（Zn）、硒（Se）、镁（Mg）等。同时鲍鱼肉中如 EPA、DHA、牛磺酸以及超氧化物歧化酶等生理活性物质的含量也较为丰富。

冬季鲍鱼中胶原蛋白含有多种生物活性肽，具有很好的生理功能，如抗氧化、降血压、预防关节炎、促进皮肤胶原代谢、保护胃黏膜和抗溃疡等。鲍鱼还是中国传统的名贵食材，具有极高的药用价值。

鲍鱼的基本养殖方式

鲍鱼的养殖方法包括海上筏式养殖、陆上工厂化养殖和岩礁潮下带沉箱养殖等。

1. 海上筏式养殖

养鲍笼的直径大概在45~50cm左右，进行多层叠加，高度大约为1~2m。一年后，鲍鱼的贝壳大小为2~3cm，两年后，鲍鱼的贝壳能长到大约4~5cm。使用4~10层的塑料盘或者铁棍塑料管套在一起，将养鲍鱼的笼子串起来，每个笼子相隔大概20~30cm。这种养殖方法的优点是投饵，管理，更换网易等十分方便。

2. 陆上工厂化养殖

（1）工厂化养殖的优势

工厂化养殖的鲍鱼具有生长快，生长周期短，占地少，便于集中管理等特点，从而更好地高产稳产，效益也会不断地增加。

（2）主要设施

养殖池：一般为长8~9m，宽0.8~0.9m，深0.40~0.50m，有效面积为$7~9m^2$的水泥池。在养殖池设置流水装置，一端为进水管，另一端为溢水管，让水流能够自然流动。鲍鱼具有喜暗怕光的习性，可以搭建黑色网盖等。

饲养网箱：一般使用1cm网孔的圆形或方形的吊笼，其有效面积为$0.6m^2$左右。高度为30cm左右。选择采用1~3层吊笼叠加的方式进行养殖。

波纹板：由玻璃钢制成的长75cm，宽45cm左右的波纹板。板上需要打上若干直径2cm的空洞，作为鲍鱼上下出入用。

供水系统：每年5月上旬到11月下旬，采用常温供水，11月下旬到第二年5月上旬采用升温供水。在冬季升温供水时，为了降低成本，节约能量，可以采用净化处理系统，封闭循环供水。

（3）养殖管理

放养密度：在放养时进行大小筛分，使大小相同的鲍鱼放在一个笼子里养殖。壳长 2.5~4cm 的鲍鱼，每箱 200~250 只为宜。

投饵：一般 2cm 以下的幼鲍，可投喂人工配合饵料，并搭配人工培养的底栖硅藻。2cm 以上幼鲍以投海带和裙带菜等海藻为主，同时混合投喂人工饵料。

供水：鲍鱼的生长与供水管理有着密切的关系，包括水量、水温、水质这三个部分。水温高，换水量要加大。在越冬时节，每天供应的水温差保持在 2℃ 以内，避免温差过大，让鲍鱼产生应激反应。海水进入养殖场要经过砂滤，保证水质的澄净。

日常管理：要经常巡视，注意观察水体颜色、水质等，一段时间后，观察鲍鱼的活力和生长情况，及时将水池中的残饵和污物清除掉。

3. 海底沉箱式的养殖

沉箱为圆形混凝土钢筋结构，高为 60 cm，外部直径为 105cm，内部直径为 100cm。沉箱底部开 7 个直径为 16cm 的圆孔，侧边底部开有 8 个直径为 4cm 的圆孔，方便水流通过。盖中央开有投料口，直径为 30cm。用网目 0.3~0.5cm 的聚乙烯网制成，安置在沉箱内壁，避免鲍鱼逃逸。在套网里面设置一个混凝土栖息台，让鲍鱼能够栖息。除了满足鲍鱼生长要求外，沉箱安置海区还必须符合如下要求：潮流畅通；砾石底质；风浪小，退潮后必须能露出箱体 20~30cm，以便于养殖管理。沉箱下海时，利用泡沫浮力，将沉箱从岸上送到安置点。沉箱下海后，要组织工人将沉箱扶正，将其排列整齐。用石块将沉箱垫高 8~10cm 左右，方便沉箱底部潮水畅通，有利于箱内积沙、残饵流出。

鲍鱼的病害防治方法

1. 气泡病

发病时鲍鱼的全身布满气泡，随着时间推移，气泡变大，最后使鲍鱼漂浮在水面上，会对幼鲍产生危害。防治方法：加强水质管理，注意光照强度，禁止投喂变质、腐烂的饵料，投喂新鲜的饵料，发病时及时将残饵清除掉，及时换干净水，一般情况下，1~2次就可以除病。

2. 肿胀病

发病时从鲍鱼的外表看不出来，但其食欲不佳，拨开生病鲍鱼，便能够看见外套腔内液体增多，呈现出淡红色，内脏肿大且突出，并且它的附着力下降，随着病情加重，逐渐失去活动力，最后死亡。

防治方法：发病时将残饵捞出，重新换水，然后将土霉素混合新鲜饵料投喂，大概2~3天即可得治。

第八章
特种动物养殖

蛤蚧的养殖技术

蛤蚧，又称大壁虎，仙蟾，台湾叫大守宫。头呈扁平三角形，体色有深灰色、灰蓝色、青黑色等，全身散布灰白色、砖红色、紫灰色、橘黄色的斑点，尾有白色环纹。栖息于山岩或荒野的岩石缝隙、石洞或树洞内，生活在树林、开阔地、山区、荒漠及房屋内。蛤蚧的食物以各种昆虫为主，包括蝼蛄、蚱蜢、飞蛾、蟑螂、黄粉虫和蚕蛾等。

想要人工饲养蛤蚧，最好的方式就是熟悉它的生活习性，然后按照科学的方式进行饲养，这样才能达到很高的经济效益。

蛤蚧养殖的场地建设

1. 饲养箱

饲养箱可以用旧的包装木箱改制而成，箱体用塑料纱窗或铁纱窗密封，另一半用木板装成活动箱盖，盖上开一个小孔供投放饲料。也可以用柜式饲养箱，前壁上半部用铁纱窗密封，下半部是活动木板门。将制作好的饲养箱放在虫源丰富，通风、阴凉干净的饲养室中。一个用平房或者楼房作饲养室中可以放若干个饲养箱。

2. 饲养房

饲养房最好选择在虫源丰富的树林旁、山边、田峒。饲养房顶部或后面建有蛤蚧活动场，四周用铁丝网围好，使蛤蚧可见到露水又不能逃跑。面积大小根据饲养规模而定。饲养房和活动场相通，便于蛤蚧出入。为了防止蛤蚧相互蚕食，大小蛤蚧要分房饲养，小蛤蚧要加建饲养房。

3. 假山饲养

根据蛤蚧的生活习性，人工模拟石山的自然条件，用铁丝网围成饲养房。一般用石灰石垒成，假山中叠垒成若干小室，室壁留有多处便于观察的缝隙、石洞，作为蛤蚧白天隐伏和冬季越冬场所，室内缝隙部分与假山外围的缝隙相通，便于蛤蚧进出。房内需建有水池和游娱池，安装诱虫黑光灯。假山上和四周可以种植一些花草，最好选择在村旁田边或山脚虫源多的地方修建。

4. 放养场

目前有独山放养和孤岛放养两种。

（1）独山放养：在蛤蚧产区选择村庄附近、草木繁茂、四周平坦的独个石山作为蛤蚧的放养场所，在石山脚的周围建1.5m高的围墙，墙上构建一个防止蛤蚧逃跑的防线。在石山内修建一些自然洞穴，使蛤蚧入内隐伏，以便饲养观察。另外，在石山不同方向，安装数盏黑光灯诱虫供蛤蚧食用。放养数量可视山的大小和虫源情况而定。

（2）孤岛放养：选择四周环水的小孤岛，岛上应有草木和可供蛤蚧隐伏的石山洞穴。在蛤蚧活动的地方安装黑光灯诱虫，以补充蛤蚧饲料。使放养的环境和蛤蚧原来的生长环境条件相似。在饲料充足时，蛤蚧生长较快，但不便于观察、检查和捕捉。

蛤蚧的基本饲养方法

1. 箱养：木箱改装的饲养箱每箱放蛤蚧种15~20条，柜式饲养箱每箱放6~10条。5~10月，饲养箱（柜）宜放在室内阴暗通风处，室内箱养由于晚间无法用黑光灯诱虫，每天一般要喂饲料1次，7~9月摄食最旺盛，则上、下午各投喂1次。人工饲料一般是将玉米、大米、南瓜、冬瓜等煮熟，做成糊状，放入食盘中。

2.房养：房养蛤蚧的饲料以引诱野外昆虫为主，如在田间建饲养房，饲养房周围不宜喷农药，或喷药后的2天内不能开黑光灯诱虫，以免蛤蚧吃带有农药的昆虫而中毒。房内四壁可挂若干麻片，便于蛤蚧白天隐伏和产卵。一般每间房可饲养蛤蚧200~300条。

了解蛤蚧的繁殖过程

蛤蚧第一次交配产卵的时间一般在5月初。一次产卵两个，年产卵3~4次。蛤蚧繁殖时雌雄比5：1，任其自由交配。通过翻肛可以鉴别雌雄，雄蛤蚧泄殖腔有三角形突起。蛤蚧的卵是依靠在30℃以上自然气温孵化的，孵化期50~60天。小蛤蚧孵出来时体长7~8mm，3~5天后，可自行寻找食物。

蛤蚧的饲养管理方法

1.清扫场地：室内箱养、房养、假山饲养的场地较小，应经常打扫干净，蛤蚧排出的粪便和剩余饲料应及时清除，使蛤蚧在一个较清洁的条件下生长和繁殖，从而减少疾病的发生。

2.控制温度：入冬后，要及时加厚挂在墙上的麻片，关严门窗。使用100W的长明电灯，提高室内温度，使蛤蚧安全过冬。在夏天气温上升至30℃以上时，除打开门窗通风外，应在室内喷水降温，或把水喷洒在蛤蚧体上，每天数次。同时泳池内要经常加满水，以便蛤蚧入池降温。

3.保护卵块：雄性蛤蚧有食卵的习性，其他动物也会损伤蛤蚧卵，在产卵期，应经常检查，发现有产出的卵块，应及时用铁纱网罩住加以保护。

了解蛤蚧的加工方法

捕捉到的蛤蚧宜放入小铁笼或竹篓内关严保藏。将捕获的蛤蚧，用刀剖开腹部，除去内脏，将血液抹干（不可水洗），用薄竹片和扁竹条撑开，同定，用砂纸扎好尾巴，以免折断，再用文火烘干。将大小相同的合成一对即成。

麝的养殖技术

我国麝类资源丰富，有林麝、马麝、原麝、黑麝和喜马拉雅麝5种，栖居于山林。多在天快亮时或黄昏后活动，听觉、嗅觉系统十分发达。食量小，吃菊科、蔷薇科植物的嫩枝叶、地衣、苔藓等，尤其喜欢吃松萝。雄麝脐香腺囊中的分泌物干燥后形成的香料即为麝香。根据明朝《本草纲目》中记载，麝香对风痰、伤寒、瘟疫、暑湿、燥火、气滞、疮伤、眼疾等多种疾病有明显的疗效。现代临床药理研究也证明麝香具有兴奋中枢神经、刺激心血管、促进雄性激素分泌和抗炎症等作用。人工养麝是一条致富门路，下面所述仅供参考。

第八章 特种动物养殖

如何选择麝的品种

可向特种动物养殖场购买人工培育的种麝,其优点是驯化程度高,容易成活,繁殖力高,引种时可按雌雄3∶1引入。刚引进的种麝要尽量使其保持安静,避免刺激,可在光线较暗、通风良好的笼子或房子里养2~3天,之后放在饲养圈内。

麝的圈舍建设方法

饲养场地要求通风良好,干燥、安静。每$8m^2$养1只,围栏砖墙高2~3m。还可以用钢筋或木材制作长2m、宽1m、高1m的笼子来圈养,笼养具有便于观察、造价低的优点。

了解麝的交配特点

麝的性成熟期与种类、性别、气候、饲养管理以及其他一些因素有关。为了保持麝的健康以及获得品质优良的仔麝,必须达到一定年龄才允许交配。一般适宜年龄,公麝是3岁半;母麝发育好、体健壮的1岁半左右可以配种,最好在2岁半后配种。麝为季节性发情的动物,发情交配期在10月到第二年2月。母麝性周期为19~25天,平均为21天。

母麝性成熟后，会表现出不安，允许公麝接近和爬到它的背上。发情期表现为食量减少，阴道黏膜潮红，并有黏液流出，阴户略微红胀。性兴奋时，到处嗅粪、尿、嗅其他麝，排尿频繁，臀毛竖立，尾巴翘起，露出外生殖器，甚至会发出"嘀嘀"或"咩咩"的叫声。而公麝在发情期，睾丸变大，表现出兴奋来，沿獠牙流出泡沫状的唾液，扭动身体后躯，经常追逐母麝，并发出发情时特有的叫声。

麝的选种与配种方法

为了搞好麝的配种工作，采取选出优良种公麝参加配种的办法，选择的种公麝，必须体质良好，性欲旺盛，年龄适宜，睾丸匀称，产香量高，肥满度适宜，并能将这些优良特性传给后代。生产中所采用的配种法主要是单公群母配种法、试情配种法及群公群母配种法。

1. 单公群母配种法

首先根据生产性能、年龄、体质状况，将母麝分成若干个配种小群，每群4~6只母麝，选定放入1头公麝，不替换。或者以每群12~15只母麝，选定种公麝按1∶5的比例，每隔5~6天替换1头公麝。在几天之内，公麝已配2~3次以后，尚有母麝发情需要交配时，应将该母麝拨出与其他种公麝交配。配种时必须注意公母比例，及时观察，及时调整。生产实践证明，1∶5的准胎率和双胎率最高。为了保证公麝的健康，不至于降低受胎率，在一个配种季节，1头种公麝实际配3~5头母麝较为适宜。

2. 试情配种法

群公群母混合后，在配种期间，将全部公麝替换次数为1~2次，也就是将第一次参加配种的3~4岁公麝放入配种母麝圈内，引诱母麝提前发情。至母麝发情旺期到来前，按1∶3的公母比例，换入壮龄优良种公麝进行配种。在配种旺盛后期，如有大部分母麝配种完成，可以淘汰一些配种能力差的公麝，再按1∶5的比例留公麝，一直坚持到配种都结束为止。

3. 群公群母配种法

在配种开始时，1次性将公麝全部放入配种的母麝圈内。在整个配种期，如果种公麝没什么问题时，可不拨出；如果有些公麝配种情况不良，需要及时拨出。拨出后不再进行补充。

配种工作的进行，在圈养条件下，经过选择的种公麝于9月放入母麝群配种。刚配完的麝，不宜马上饮水。

了解麝的妊娠与产崽

麝的妊娠期一般为175~190天，平均181天。据此，可推算出大致的分娩期，便于做准备。母麝妊娠中期采食旺盛。妊娠后期，也就是产前1~2个月，胎儿生长发育较快，母体腹围显著增大。接近产仔前，母麝乳腺体积增大。在一般情况下，麝在5~6月集中产仔。幼麝1月龄后就能大量采食饲料，2个月断奶，雄麝1年后便可产香。

了解人工取香的方法

每年5~7月是成年雄麝泌香反应期。其表现特征是雄麝香腺囊出现肿胀，流香水，遗香粒，精神兴奋，表现不安，极易追逐咬斗，食停3~5天。1周后恢复原状。30天后，囊内出现固体的麝香时，就可以取香了。取香以秋天为好，夏天以阴天或凉爽的早晨和晚上为宜。香囊位于肚脐和阴囊之间，呈扁圆形。

取香时，一人将麝按在腿上，另一人即可用扩鼻器扩开香囊的前孔，迅速用挖勺掏取麝香。取香后囊口涂上少许油剂青霉素或消炎油膏。取出的麝香经称重，用皮纸包好，置于低温干燥箱内，以防香气溢散。干燥后保存在密闭的容器内，防止受潮发霉。

竹鼠的人工养殖

竹鼠又名竹狸、灰竹鼠、竹根猪、竹根鼠、芒鼠、冬芒鼠、竹鼲、茅根鼠、芭茅鼠。因其喜吃竹子而得名。竹鼠在我国南方分布比较广泛，具有较高的食用和药用价值。由于竹鼠集毛皮、肉、药、观赏于一身，所产生的经济效益很大，人们开始有意识地人工培养起竹鼠来，下面简单介绍一下其饲养技术，仅供参考。

了解竹鼠的养殖环境

竹鼠的胆子很小，受不得一点惊吓，所以在选择养殖场的时候，我们要确保周围环境的安静，要远离城区等嘈杂的地区，养殖场要保持适宜的光照、良好的通风条件、无污染且冬暖夏凉。控制好温度，最好保持在 10~25℃左右，并且要避免太阳直射，不然会引起竹鼠的不安，甚至是死亡。

种鼠的选择与配种

在选择种鼠时，要保证种鼠生长能力强、没有疾病、皮毛通顺发亮。并且种公鼠的性器官要发达、发情情况明显；种母鼠要有良好的母性，食欲旺盛，母乳充足，才能够保证幼鼠的生长。在引种后的两年内淘汰质量差的公母鼠。保证第三年后备种鼠的质量。

关于配种，应采用多次"血配"的方法。首先，购种时尽量选择优良的个体，然后通过自繁自养，选留那些年产仔 4 胎以上，每胎产仔 4 只以上的后代，并留 30~35 日龄断奶、体重超过 250g 的优良个体做种。母鼠产仔后和仔鼠断奶后各有一次最佳配种时间。只有完全适应家养，血配才易成功。母鼠断奶后立即放回大池群养，让 3 只公鼠轮流与其交配，达到重复配种的目的，可增加产仔数 50%以上。

竹鼠养殖池的建造

竹鼠繁殖池有两种，综合使用，繁殖效果才好。一种是产仔窝池，分为内池和外池。内池加盖当作竹鼠的窝，长、宽、高分别为 30cm、25cm、70cm；外池作为采食和运动的场所，长、宽、高分别为 70cm、50cm、70cm。内外池中隔着的水泥板，底部有一个直径为 12cm 的圆洞相通，以便母鼠怀孕后移进产仔窝池饲养。另一种是配种大池。长、宽、高分别为 1.5m、2m、0.7m，在池内一侧建有一条 30cm 宽的保温槽，槽的隔板下面开有两个直径为 12cm 的洞，与大池相通，另外，保温槽上加盖板，供竹鼠在内休息。每池可饲养 3 公 12 母。实践证明，群养群培产仔数多。

了解竹鼠的养殖管理

竹鼠耐粗饲，对植物性饲料消化能力强。成年鼠每天喂 2 次，每只日投喂秸秆 150~200g、精料 15~20g。成年鼠牙齿长得快，体重 1.2~1.5kg，此时需要在笼内放置一根竹竿或硬木条供其磨牙。幼鼠需投喂新鲜、易消化、富含营养成分的饲料，如胡萝卜、甘薯、竹笋。同时在日粮中添加鱼粉、骨粉、食盐、维生素、生长素。每天检查竹鼠的粪便是否表面光滑，呈颗粒状，像药用胶囊。

养殖竹鼠的注意事项

1. 低温时做好保暖，避免冷风侵袭，改善空气质量。湿度 45%~75% 为佳，定期消毒，30 天消毒一次，一般连续 3 天，选用两种以上消毒药。

2. 避免池内粪便发霉、池底板结，发黑发臭，有污垢，发现后及时清理。

3. 保持饲料的新鲜，粗料雨水未干不能投喂。投喂定时定量，饲料配方中粗料和精料的比例以 7∶3 为宜。

4. 冬天防病，竹鼠的免疫力非常重要。加强营养，调理肠胃，促进营养的全面吸收。建议在秋季做好肠道寄生虫防控。体格健壮，提高免疫力，方可保证越冬安全。

蟾蜍的人工养殖与取酥

蟾蜍，又名蛤蟆，俗称癞蛤蟆、癞猴子、癞刺。两栖动物，体表有大量的疙瘩，内有毒腺，在我国，有中华大蟾蜍和黑眶蟾蜍两种。它不仅能捕捉农田里的害虫，并且集美食、药用于一身，因而有"蟾宝"的美誉。蟾蜍是一种有着很高经济价值的药用动物。蟾蜍浑身都是宝，只有科学养殖，才能获得巨大的收益。

蟾蜍的生活习性和药用价值

生活习性：蟾蜍喜欢隐藏在泥穴、潮湿石下、草丛内、水沟边。白天多潜伏隐蔽，夜晚及黄昏才出来活动。雨后常集中在干燥地方捕食各种害虫。夜间以捕甲虫、蛾类、蜗牛、蝇蛆等为食。人工饲养繁殖比其他蛙类容易。冬天气温在10℃以下时，蟾蜍会进入冬眠期，等到春季气温回升到10℃以上，就会结束冬眠，开始活动，捕食昆虫，繁殖产卵。雄性蟾蜍"接生员"会背着大量刚刚产出的蟾蜍卵。它的任务就是保护这些蟾蜍卵，避免被其他捕食者吃掉。

药用价值：蟾蜍是一种有着极高药用价值的经济动物。蟾酥、干蟾皮、蟾衣、蟾头、蟾舌、蟾肝、蟾胆等都是药材。蟾蜍的耳后腺、皮肤腺分泌的白色浆液，刮下来后进行干燥，为蟾酥。蟾酥是珍贵的中药材，具有解毒、消肿、止痛、强心利尿、抗癌、麻醉、抗辐射等功效，能够治疗心力衰竭、口腔炎、咽喉炎、咽喉肿痛、皮肤癌等。我国50余种中成药中都有蟾酥成分，包括有名的梅花点舌丹、华蟾素注射液、心宝和一粒牙痛丸等。干蟾皮，味苦、性寒，对小儿疳积、慢性气管炎、咽喉肿痛、痈肿疔毒等症有疗效。蟾衣是蟾蜍自然脱下的角质衣膜，对慢性肝病、多种癌症、慢性气管炎、腹水、疔毒疮痈等有较好的疗效。

蟾蜍的基本养殖技术

1. 种蟾及卵块的收集

可先捕野生体大、健壮、无病、无伤的蟾蜍做种蟾蜍，每平方米放养种蟾蜍1~2对。雌雄比例为3∶1；也可到池塘、河流收集蟾蜍卵块。

2. 养殖场地的选择

养殖场最好选择在一个水源充足、排灌方便的地方。四周建大概1m高的围墙，里面建养殖池、繁殖产卵池和孵化池。要在养殖池周围种植一些供蟾蜍避光栖息的饲用牧草及蔬菜。池中投放少量水浮萍、水葫芦等水生植物，调节水质，繁殖水蚤供蟾蜍捕食。可在场中安灯诱杀

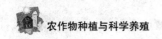

昆虫作为饵料，还可人工养殖蝇蛆、黄粉虫、蚯蚓等高蛋白鲜活动物饵料，保证蟾蜍不缺饲料。另外，也可在棉田和稻田中散养。

3. 蟾蜍的繁殖

每年的 5~8 月为蟾蜍的产卵季节。在气温升到 6~8℃时，蟾蜍开始雌雄抱对，人工养殖时雌雄比例比为 3∶1，受精率可达 90% 以上。温度在 16℃时便可产卵。每次产卵量大约在 5000 枚左右。一般呈双行排列在管状胶质带内，卵带可长达几米，缠绕在水生植物上。人工孵化时，水温应控制在 10~30℃，经过 3~4 天即可孵化出小蝌蚪来。在孵出 2~3 天内，蝌蚪开始吃食，先以卵膜为食，后吃一些植物碎屑、水中的微生物和浮游生物。蝌蚪的食物有腐殖质、猪牛粪、糠麸、蔬菜、嫩草、鱼类及畜禽类、生熟废弃物等。幼蟾饲喂蝇蛆、蚯蚓、黄粉虫、球藻饵料。成蟾蜍食量大，可采用豆饼、糠麸、面粉、鱼粉、槐叶粉混合饲料。

4. 饲养管理

饲养蟾蜍时，要根据蟾蜍不同的发育阶段来管理，在食物投放方面，多放一些蜗牛、蚂蚁、蚯蚓、蚊虫、叶蝉、金龟子、蜻蜓、隐翅虫、无毛类幼虫等昆虫，螺和小鱼虾等水生动物与藻类，这些都是蟾蜍喜欢的食物。

蝌蚪池的水深要维持在 0.2~0.4m，同时要及时进行排水，生长发育最适温度为 16~28℃。随着蝌蚪不断长大，要及时进行分池。通常情况下，经过 2 个月，就开始变成幼蛙。

成年蟾蜍和幼蟾蜍要分开养殖。在养殖池的上方安装好电灯，来引诱昆虫，供蟾蜍自己捕食。

夏季天热时，可以喷洒水在其身上以防皮肤干燥；同时，夏天水质容易变坏，要根据水质的情况，及时灌注新水，保持水质的干净。在秋末即要为蟾蜍准备好越冬场所，可以在饲养池的角落处堆放干草使其越冬，北方寒冷可另建越冬温室或越冬深水池，池水应比冰冻层大 1 倍为宜。

5. 蟾酥的采集

一般在夏天和秋天采集蟾酥，可以每两周采集一次。采集蟾酥时要准备好夹钳、竹片、小瓷盆等工具，用竹片刮出蟾蜍身上的浆液。刮出的浆液要尽快过滤除杂，通风处阴干，再制成团酥，密封保存或出售。

蟾蜍的病害防治方法

蟾蜍生病的时候少，主要是防止老鼠、蛇、鸟等危害。病害防治的原则：切断传播途径，保持环境的清洁卫生，加强蛙类的饲养管理、定期对栖息环境进行消毒、禁止使用有污染的水源及饲料。确保提供营养全面、充足的饲料，不喂霉败变质的饲料，提供适宜的生存环境，提高蛙体自身抵抗疾病的能力，杜绝疾病的发生。

林蛙养殖技术要点

中国林蛙是集食、药、补为一体的珍贵蛙种。其肉质细嫩，鲜美可口，营养丰富，从雌性体内提取的林蛙油具有润肺养阴、补肾益精、补脑益智、提高人体免疫能力、美容养颜、抗衰老等独特功效。林蛙油中含蛋白质56.3%，脂肪3.5%，矿物质元素4.7%，无氮有机物27.5%，含人体必需18种氨基酸和多种微量元素，还含有促进人体增高的甲状腺素，提高人体性功能的睾酮、雌酮的四种激素。林蛙全身都是宝，利用林蛙胆、卵、皮、头等提取物可制成黑色生命源、催眠素和高级功能性保健品。

林蛙的基本养殖技术

中国林蛙有着很高的经济价值和社会效益，在市场上大受欢迎。林蛙养殖的原则：提高林蛙越冬期存活率、掌握林蛙的发病规律，无病先防、有病早治。

1. 搭建养殖场地

林蛙的养殖场所最好是建立在地势较高、有清澈水源并且排水方

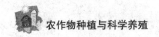

便的地区，水源可以是河水、井水和自来水。林蛙喜欢没有强烈光照、湿润凉爽的环境，尽量根据其习性，搭建一个适宜的生活环境。场地中可适当地种植一些树木或植物进行遮阴保湿，然后在场中挖几个小面积的池塘，供林蛙产卵和孵化之用，池面的水位在30~40cm即可。最后一点，记得要做好防逃网和防鸟网，减少外敌的入侵。

2. 饲料管理

蝌蚪经过约50天，就会演变成幼蛙，幼蛙上岸后以小虫类为食，所以这个时期的饲料主要以小虫，蚊蝇、黄粉虫、蝇蛆等为主。到了合适的时期，林蛙会自行捕食。在人工喂养林蛙的过程中，必须提供充足的饲料，这样才能保证林蛙快速生长，可是单纯地购买饲料会增加成本。最好的方法就是自己培养。林蛙爱吃的黄粉虫，只要把动物血放入稻壳、米糠配中，容器放置在室外，2~3天后即可繁殖出大量的蝇蛆，这种方法方便快捷，而且数量大。

3. 养殖管理

在每年4月，将足够的蛙卵投入养殖池中，在孵化后注意养殖密度，建议每平方米在2000尾以下。在蛙卵孵化期，要保持水质的澄清，并及时换水。要注意卫生环境，及时对孵化池进行消毒，如果消毒使用的是石灰粉或其他药剂，要在10天后等毒性消除后，再开始孵化，以免毒死正常的蛙卵。在幼蛙变态后，及时将其引入养殖场地中饲养。在饲养时要注意温度和湿度，高温时，及时增加湿度，来到达降温的效果，将湿度保持在70%以上，才能使林蛙正常地呼吸，在养殖场地可安装喷灌设施，方便增湿。

4. 分池饲养

随着蛙不断长大，要不断地进行分池。每次分池时要将蛙放在高锰酸钾溶液中浸浴5分钟，再放到养殖池内。分池的原因也是分开个体相差较大的蛙，避免个体小的蛙在争食时总是处于劣势，导致个体差距越来越大。降低饲养密度。把性成熟的蛙单独饲养。如果有大量不能性成熟的小蛙，可以考虑建立温控大棚，在其中饲养。

注意林蛙的越冬问题

北方冬天漫长而寒冷，恶劣环境条件是中国林蛙越冬期存活率低的主要原因，因此要做好中国林蛙越冬前的准备工作，如修建越冬池，也可利用原有塘坝、水坑越冬，但要将塘坝加大加深，尽量铲除淤泥和杂草，以减少有机耗氧，防止有害气体的产生，同时要满足林蛙越冬期对溶解氧的需要。最好的办法就是让越冬池中的流水不断，这样水中溶氧就能及时得到增补。

解决越冬池溶解氧不足的问题，可采取以下三种方法：一是越冬池蓄水量要充足，秋分前后要蓄满水，水深不低于2.5m；二是减少越冬池中林蛙的数量，并尽量清除野生杂鱼，以减少耗氧因素；三是整个越冬期要精心管理，定时观察蛙的越冬情况。

严重缺氧时，可采取以下措施：一是注水补氧。抽取附近的水源（井水、河水、库水、泉水），将其注入越冬池中；二是打冰眼补氧。在深水处打一个宽1.5m、长3m的冰孔，借风力的作用形成水浪，加速氧向水中溶解，以提高补氧效果。为防止冰眼重新结冰，夜间可用草帘子遮盖起来。

林蛙的病害防治方法

红腿病：病蛙的肌肉呈现红色，腹部及腿部肌肉有点状出血情况，活动迟钝、拒食。防治方法：将病蛙放在10%~15%的盐水中浸泡5~10分钟，两天后可治愈。

肿腿病：该病因腿部受伤后被细菌感染后引起。防治方法：把病蛙腿部放入高锰酸钾溶液中浸泡15分钟，同时喂服四环素，一天两次，每次半片，连服两天。

水霉病：蛙体受伤的伤口感染水霉菌引起本病。可用1%的紫药水涂患处。

脱皮病：因缺乏多种维生素和微量元素引起，病蛙背部或大部分脱皮充血。防治方法：饲料中适当加些维生素及微量元素。

土元的饲养与管理

土元是一种重要的药用昆虫，生活在阴暗、潮湿、腐殖质丰富的松土中，怕阳光，白天潜伏，夜晚活动，生长最适温度为28~30℃。这种昆虫属于杂食性昆虫，喜食新鲜的食物，最喜吃麸皮、米糠，其次为玉米面、碎杂粮、花生饼、豆粕、杂鱼、肉及各种青草菜叶、瓜果皮、鸡、牛粪等粗料。用全价饲料饲养5~6个月，个体可长成成虫。

土元的基本养殖技术

人工养殖土元虫是一项成本低，收益高、管理方便，设备简单，食料广泛，繁殖力强，适应性广，不与粮棉争地，不同作物争肥，利国利己的副业项目，集体、家庭和个人都可饲养，有着极大的发展前景。

1. 养殖环境

人工饲养的土元主要为中华地鳖。根据所养殖的规模，大小不拘，形式繁多。可缸养、坑（池）养、盆养、柜养、箱养。

2. 种卵孵化

选择光滑内壁的塑料盆，放置 4kg 的种卵后，再放进种卵体积一半的饲养土，饲养土的湿度保持在手抓成团，自由落地即碎的程度。孵化温度以 28℃ 为佳。每天用手翻动种卵 2~3 次，翻动时动作要轻，避免碰伤土元卵块。经 35~40 天孵化，有大量幼虫破壳而出，用 4mm 筛子就能够筛出幼虫，筛出的种卵重新拌饲养土，幼虫即可放在饲养土厚 10cm 池内养殖，每隔 2 天筛一次幼虫。

饲养土配方为：沙土用 4mm 筛子过筛，拌 50% 烧过的草木灰，均匀搅拌，如果加一些家畜粪或粉碎的作物秸秆、锯木、使饲养土肥沃、疏松效果更好。

3. 繁殖活动

在中国南方地区，每年 4 月上、中旬，气温上升到 10℃ 以上时，土元开始出土活动，到 11 月中下旬，当气温下降至 10℃ 以下时逐渐入土停止活动，进行越冬。

雌虫的产卵期从 5 月上旬起至 11 月中旬止，以 6~9 月为产卵盛期，6 月底、7 月上中旬开始孵化。雄若虫生长发育期约 280~320 天，雌若虫约 500 天。它的活动适宜温度为 25~35℃，适宜的相对湿度为 50%~80%。

雌虫交尾一次就能陆续产卵，未经交尾的虽亦能产卵，但不能孵化。雌虫交尾后 7 天左右产卵，以后每隔 4~6 天产卵一次，一头雌虫一生可产卵 30~40 块。气温在 26℃ 时，卵需经两个月孵化，30~35℃ 时一个月左右即可孵化。初孵若虫呈现白色，形如臭虫，8~12 天后脱第一次皮，脱皮时不食不动呈假死状，经 1~2 天后恢复活动，以后每隔 25 天左右脱皮一次，一般雄虫一生脱皮 7~9 次，雌虫一生脱皮 9~11 次，长大成虫。

4. 饲养方法

要按虫龄，季节和发育阶段的不同采取适宜的喂食方法、喂食时间和喂食数量。1~4 龄若虫，虫体小活动力弱，一般在饲养土表层内寻食，可采用撒料喂食的方法。因虫子多集中在坑的边沿，所以坑周围要多撒一些并用五指伸入土中 2~3cm 扒土数次以使饲料掺入土表层。1 龄若虫尚无食青饲料的能力，故可在 2 龄后添加青饲料。5 龄以上的若虫都出土寻食，故可在饲养土表面加撒一层稻壳，稻壳上面铺几块塑料布或木板作食料板，将精料撒在上边。每隔 3~4 天，将塑料布清刷一次，有利于虫体。

在气温偏低的月份，可以隔日喂食一次；气温较高的月份，坚持每天喂食 2 次，晨喂青料，晚喂精料，保持食物新鲜，不喂霉烂的饲料。虫子在脱皮前后，食量显著减少，脱皮期间完全停食。此时少喂精料或不喂，待发现饲养土表面出现大量虫皮后再恢复正常喂食。在饲养的地鳖虫中，一般雄虫约占总数的 30%，试验表明，在雌成虫中，经常保持 5% 健壮的雄虫就足以满足交尾的需要，因此要采取去雄措施，即在若虫发育到 7~8 龄时，就可以去除过多的雄虫，将它们加工入药。

土元的病害防治方法

1. 大肚病：病虫腹部膨胀而发亮，头部变尖，粪便稀。

防治措施：控制幼虫期土中水分不超过10%，饲料干湿相间，中虫和成虫期也要根据生长需要调节好土中湿度。

2. 真菌感染病：患虫表面无光泽，腹部呈暗绿色、有斑点，体瘦，晚间不食，白天出土死亡。

防治措施：一是更换池内松土，并用0.5%福尔马林液喷洒虫体灭菌；二是用0.25g四环素1片研粉，拌粉精料0.25kg，饲喂2~3天即愈。

土元的天敌种类比较多，鼠、蚁、蟑螂、鸡、鸭、蟾蜍、青蛙、粉螨、蜘蛛、鼠妇等，其中危害最大的是老鼠，其次是鸡、鸭、蚂蚁和粉螨。饲养过程中必须注意防治。